黄河流域低碳发展论

HUANGHELIUYUDITAN
FAZHANLUN

宋 敏◎著

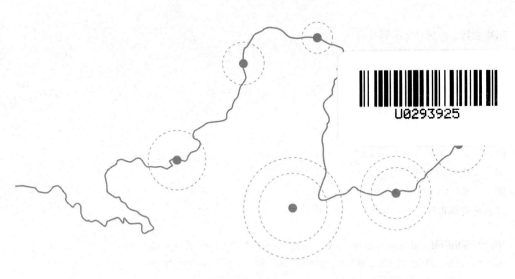

中国经济出版社
CHINA ECONOMIC PUBLISHING HOUSE

·北京·

图书在版编目（CIP）数据

黄河流域低碳发展论 / 宋敏著 . —北京：中国经
济出版社，2023.9
ISBN 978-7-5136-7417-1

Ⅰ.①黄… Ⅱ.①宋… Ⅲ.①黄河流域-二氧化碳-
减量化-排气-研究 Ⅳ.①X511

中国国家版本馆 CIP 数据核字（2023）第 149671 号

责任编辑　郭国玺
责任印制　马小宾
封面设计　任燕飞工作室

出版发行　中国经济出版社
印　刷　者　北京柏力行彩印有限公司
经　销　者　各地新华书店
开　　本　710mm×1000mm　1/16
印　　张　13
字　　数　190 千字
版　　次　2023 年 9 月第 1 版
印　　次　2023 年 9 月第 1 次
定　　价　98.00 元

广告经营许可证　京西工商广字第 8179 号

中国经济出版社 网址 www.economyph.com 社址 北京市东城区安定门外大街 58 号 邮编 100011
本版图书如存在印装质量问题，请与本社销售中心联系调换（联系电话：010-57512564）

目　录

第一章　导论

第一节　选题背景和研究意义

一、选题背景

气候变化是全球的重要议题，也是各国未来发展所面临的一大挑战。自工业革命以来，人类频繁的经济活动和大量化石能源消耗造成了温室气体的大量排放，全球气候变暖已是不争事实，这不仅严重地威胁了全球社会经济的可持续发展，也给全球的生存环境带来了越来越大的压力。为了应对气候变化带来的威胁，全球178个缔约方于2016年4月22日在美国纽约联合国大厦签署了《巴黎协定》，并把"将全球平均气温较前工业化时期上升幅度控制在2℃以内，并努力将温度上升幅度限制在1.5℃以内"作为《巴黎协定》的长期目标，各国在此基础上也相继出台了一系列减排政策，制定了各自的国家自主贡献目标。但据联合国环境规划署2021年发布的《2021年排放差距报告》，各国上报的新版和更新版气候承诺目标远远落后于《巴黎协定》中的温控目标，要想维持《巴黎协定》中2℃的温控目标，需要实现30%的减排幅度，要想在21世纪末将全球变暖气温增幅控制在1.5℃以下，则需要在未来8

年内将每年的温室气体排放量减半。① 在这种严峻的环境压力之下，低碳发展转型成为各国的不二选择。

改革开放后，中国经济的高速增长一直让世界为之惊叹，但是亮丽的经济数据背后是比较优势下人口红利的消失殆尽以及资源环境的过度开发与破坏。随着这些优势的逐渐丧失以及资源、环境等问题的日益凸显，我国也逐渐进行经济结构的调整，走绿色低碳发展道路。根据国内转型的实际需要，中共十八大开启了"加强生态文明建设、推动能源生产和消费革命"的新局面。同时，为了显示我国对国际责任的重视与担当，于2015年6月30日向《联合国气候变化框架公约》秘书处提交了《强化应对气候变化行动——中国国家自主贡献》文件，提出了我国2020—2030年的气候变化自主行动目标，承诺二氧化碳排放量在2030年左右达到峰值并争取尽早达峰，碳排放强度以2005年为基准年，在2030年下降60%~65%。② 2017年，党的十九大进一步提出，要建立健全绿色低碳循环发展的经济体系，有力地促进我国经济发展方式向绿色低碳转型。2022年，习近平总书记在党的二十大报告中再次强调："推动经济社会发展绿色化、低碳化是实现高质量发展的关键环节。"由此可见，绿色低碳发展已成为我国未来发展的必然趋势，不仅是解决我国资源生态环境问题、促进生态文明建设的基础之策，也是新时代落实高质量发展的必由之路。

流域是兼具自然地理空间、社会空间、行政空间的复合空间系统，新时代背景下，流域低碳发展也是我国生态文明建设的重大课题之一（吕志奎，2021）。黄河流域贯穿中国东中西三大地带七省二区，是中国经济"两横三纵"中的重要一横，聚集了全国四成的经济总量，是推动我国经济布局由东向西逐步转移的重要纽带；是我国重要的矿产资源供应基地和生态安全保障区，亦是石油、煤炭等能源资源的主要供应基地。近年来，由于过度开发，

---

① United Nations Environment Programme. Emission gap report in 2021：Booming ［R］. Nairobi：UNEP，2021.

② 新华社. 强化应对气候变化行动——中国国家自主贡献 ［EB/OL］.（2015-06-30）［2022-08-16］. 中华人民共和国中央人民政府网，https：//www.gov.cn/xinwen/2015/06/30/content_2887330.htm.

黄河流域存在的问题愈加凸显，严重制约了流域相关地区的可持续发展。一方面，黄河流域长期形成的"以农业生产、能源开发为主"的经济社会发展方式与流域资源环境特点不匹配，导致各种环境事件相继发生，流域资源生态环境问题如上游水土流失，中游水质污染严重，下游河道堵塞、河床上升等日益突出；另一方面，黄河流域的能源结构仍然是以化石能源为主且煤化工产业分布较密集，流域本身脆弱的生态环境已难以承载碳排放量过高所带来的压力。因此，黄河流域必须紧跟国家的发展战略，走绿色低碳发展道路，加快降碳减排的步伐。

2021 年 10 月 22 日，深入推动黄河流域生态保护和高质量发展座谈会在山东济南召开，习近平总书记在会议上强调，沿黄河各省份要落实好黄河流域生态保护和高质量发展战略部署，坚定走绿色低碳发展道路。那么，黄河流域如何走出符合自身实际情况的低碳发展道路？是否应该立即在一些重点领域、关键环节，实施一些比较效益高、量大面广、见效快的重大行动计划？如何促进低碳发展以及如何建立健全低碳发展的体制机制？这些问题，都需要社会各界坚持不懈地进行研究和探索。

二、研究意义

（一）理论意义

（1）能够在一定程度上丰富流域低碳发展的理论研究，推动对流域低碳发展相关问题的探讨。以流域为研究范畴，从多方面、多维度、多视角探索黄河流域的低碳发展之路，不仅可以拓宽流域低碳发展的相关理论视野，而且可以为其他流域的低碳发展提供理论参考。在高质量发展的时代背景下，黄河流域依旧面临着经济发展水平低和资源环境约束两大难题，低碳发展是解决这些问题的必由之路，也是黄河流域生态环境保护和高质量发展的重要内容。低碳发展问题涉及经济、政治、社会、生态等诸多领域，相关研究也进入多学科研究的交叉地带。碳排放强度作为碳减排目标中的关键指标，其增减变化在一定程度上体现了经济发展与碳排放之间的脱钩关系。碳排放效率不仅是连接区域经济产出与碳排放量的桥梁，也是衡量区域绿色低碳发展的关键指标。因此，本书综合运用流域经济学、低碳发展学、环境经济学等理论，深入研究黄河流域的碳排放强度和碳排放效率，掌握流域经济发展与碳排放之间的关系规律，不仅能够促进流域经济的绿色低碳转型和高质量发展，对丰富低碳发展相关理论研究也具有重要价值。

（2）有利于为黄河流域制定节能减排政策措施提供理论参考，推动黄河流域低碳发展理论体系的构建。立足于基本国情，结合国际趋势，我国将"绿色低碳发展"纳入新时代的发展蓝图，这是面向第二个百年奋斗目标做出的战略选择，也是践行新发展理念、推动生态文明建设的重要途径之一。黄河流域面积广阔，域内各省份的经济发展水平、资源环境禀赋、行政能力等各异，如何因地制宜地设定碳减排目标并探索节能减排路径是流域低碳发展工作的关键点。本书通过对以往文献的梳理总结，创新性地构建了黄河流域碳排放权的省域分配指标体系，通过对黄河流域碳排放权的测算和碳减排潜力的评估，能够更加科学、合理地为黄河流域各省份后续减排目标设定和策略制定提供参考借鉴。此外，研究黄河流域碳排放强度和效率的区域差异和影响因素等，能够了解碳排放与其他要素之间的作用机理，有助于推进黄河流域低碳发展理论体系的构建。

（二）实践意义

（1）有助于加快黄河流域的绿色低碳经济转型，大力推动社会进步。作为我国重要的能源基地，黄河流域在生态环境保护方面欠账较多，而绿色低碳发展是人与自然和谐共生的内在要求。对黄河流域低碳发展进行理论研究和实证分析，能够掌握当前黄河流域经济发展和生态环境保护之间的现实矛盾，从而加快流域产业结构和能源结构的调整，构建绿色、循环、低碳的经济体系，推动经济社会发展与"双碳"目标以及生态环境质量持续改善的协同共进。此外，黄河流域走低碳发展道路，能够推进低碳社会的建成，将绿色低碳理念慢慢渗透到社会公民的日常生活中，提高公民的文明水平，逐渐打造出低碳城市、低碳社区、低碳乡村乃至低碳家庭，从而共同推动社会进步。

（2）有利于控制黄河流域的碳排放量和污染物排放量，加快实现污染物

"近零排放"。黄河流域能源消费结构以化石能源消费为主，随着城市化、工业化进程的不断加快，能源消费需求日益扩大，大气污染、温室气体排放量居高不下、环境恶化带来的巨大压力是相关地区无法回避的问题。寻求低碳发展道路恰为解决以上问题提供了契机，本书通过对黄河流域碳排放强度和碳排放效率的测算和影响因素的识别，能够把握流域当前低碳发展的现状，准确定位流域在二氧化碳减排过程中遇到的难点问题、困境，从而在源头上控制黄河流域的碳排放量和污染物排放量，助力"双碳"目标实现。

（3）有利于黄河流域的可持续发展，并展示中国积极应对气候变化的大国形象。黄河流域本身生态环境脆弱，在水资源、碳排放双重约束下，流域必须以资源承载力底线为原则，在保护中发展，让经济社会系统与自然生态系统协调运行。本书拟通过对黄河流域低碳发展的定性和定量研究，探索流域绿色低碳发展水平的时空演变趋势，经济发展与碳排放的关系等，以期为流域的可持续发展提供政策建议。此外，黄河是我国的"母亲河"，黄河流域在我国经济发展中占据重要地位，研究探索黄河流域的低碳发展道路，形成一个平衡经济、社会和自然发展的区域性低碳发展模式，不仅能为其他流域的低碳发展转型提供借鉴，也能以小见大，体现我国应对气候变化并致力于构建人类命运共同体的决心以及展现坚定绿色发展、勇于承担国际环境治理责任的大国形象。

第二节　国内外研究综述及述评

一、国内研究综述

（一）低碳发展的相关研究

1. 低碳发展的相关概念和必要性研究

国内学者对低碳发展的概念主要是从能源、经济发展角度以及从低碳发展目标、低碳发展方式等角度定义的。低碳发展的实质是能源效率和清洁能源结构问题，核心是能源技术创新和制度创新，目标是减缓气候变化和促进人类的可持续发展，即依靠技术创新和政策措施，实施一场能源革命，建立一种较少排放温室气体的经济发展模式，以减缓气候变化。低碳发展的主要目标是减少碳排放量和可持续经济发展，通过研究在开发新能源技术创新和体制创新方面实现能源的有效利用。同时，低碳发展是一种"三维"的经济发展模式，主要体现在资源控制、目标控制和过程控制的结合上。其他学者则从不同角度对低碳发展进行了解释，如从全球碳储量和碳循环的角度对低碳发展进行定义（金涌，2006），从比较概念的角度定义低碳发展（吴晓青，2008），从微观和宏观的角度定义低碳发展（付允等，2008），从经济学的角度定义低碳发展（冯之浚等，2010），从价值系统观念角度定义低碳发展（潘家华，2011）。不同国家对于低碳经济有着不一样的定义，但是核心都是低碳发展。将低碳经济看作一种由环境、能源、经济组成的新型经济形态；一种在保护环境的基础上，把传统生产生活模式和消费观念转变成使用清洁能源，提高能源和资源利用效率的手段。发展低碳经济的目的是实现对社会经济发展和生态环境的保护，同时减缓气候变化和促进人类的可持续发展。

国内学者主要从气候变化、经济发展趋势、政策等角度阐述低碳发展的必要性。我国发展低碳经济符合世界经济发展趋势和我国的实际情况，是实现可持续发展的必然条件，也是经济成功转型的重要战略选择（宋德勇，2009；郭志仪等，2011）。走低碳发展之路，可以缓解资源短缺的窘境（王梦夏，2013）。另外，低碳发展不仅是实现全国"双碳"目标的重要保障，也是黄河流域高质量发展的重要内容，黄河流域低碳发展是黄河流域高质量发展的基础，就黄河流域而言，降低碳排放总量、发展低碳经济是未来发展的重要方向（董战峰、龙凤，2022；任保平、豆渊博，2022）。有人认为低碳经济的中国化是要强调发展与减排的结合，通过改善经济发展方式和消费方式来降低能源需求和排放，而不是以降低生活质量和经济增长速度为代价实现低碳目的，我们要结合国情认识低碳经济（金乐琴，2009）。我国转变发展方式、调整产业结构、提高资源能源使用效率、保护生态环境都需要发展低碳经济，而发展低碳经济不仅是经济层面上的问题，还关系到我国的国际关系和综合国力，在国际金融危机的大背景之下，我们需要应对在全球温室气体排放问题上所面临的国际压力。在 1990—2007 年中国能源碳排放的省域聚类分析中，以能源碳排放的总量和份额为排放数量指标，以排放强度和人均排放量为排放效率指标，利用各省域的化石能源消费数据和聚类分析方法对数据进行处理，结果表明以地区生产总值来衡量各省的经济发展水平是不全面的，如果将碳排放等环境指标加进去，经济强省往往都是建立在破坏环境的基础之上的（岳瑞锋、朱永杰，2010）。而我国主要的 GDP 份额和大部分人口仍然处于"高排放"的发展模式，因此，我国亟须发展低碳经济。有学者运用低碳经济统计评价体系的构建方法对我国 30 个省份进行综合评价，发现很多指标数值都超出临界范围，反映出我国低碳经济发展水平很低，在积极发展低碳经济方面呈阶梯式分布，以东部沿海地区发展得最好（许涤龙、欧阳胜银，2010）。

2. 低碳发展的评估指标体系研究

已有的低碳发展评价方法，总体来说可以分为单项指标评价法和综合评价法两类。在考察区域低碳发展状况时，综合评价法已经成为主流方法，不过在考察单个指标在低碳经济环境中的发展状况或是对特定的指标进行比较分析时，会选择单项指标评价法。在研究方法的选择中，多数学者以层次分析法为基础对区域低碳发展进行评价。层次分析法本质上是一种决策思维方式，将复杂的问题分解为各个组成因素，再将这些因素按支配关系分组以形成有序的递阶层次结构，通过两两比较判断的方式来确定每一层次中因素的相对重要性，然后在递阶层次结构内进行合成以得到决策因素相对于目标的重要性的总顺序。

在此基础上，我国学者根据自身知识储备与对低碳经济评价的理解分析，进行了差别化处理。有学者认为低碳经济评价的核心是资源禀赋、技术水平、消费模式，因此使用层次分析与数据包络分析（DEA）的组合方法对区域低碳经济发展潜力进行了等级划分（付加锋，2010）。也有学者使用 SPSS 软件来分析评价体系中的指标间相关性，通过对设计好的指标体系进行全面性、有效性、相关性、适用性、前瞻性 5 个方面的评估得分来评价指标体系的优劣性（吕学都，2013）。在估算体系的指标权重时，通常使用熵值法，也有学者使用三标度模糊层次分析法以及德尔菲法确定指标权重，最后采用线性加权法来计算低碳发展综合评价指数（吴雪，2012）。有些学者则并未使用层次分析法，而是从计量经济学的角度，使用面板空间数据并利用 TOPSIS 模型结合计量方法综合评价了我国各省份的低碳发展情况，进一步探索低碳经济中 TOPSIS 评价值与产业结构、贸易结构、财政支出、城市化进程等因素的内在关联（李沙浪，2014）。具体到不同的研究范围，有学者针对湖北省区域低碳经济发展问题，构建了由环境等因素组成的区域经济发展水平评价体系，并采用因子分析法对低碳经济进行了研究（杨颖，2012）；针对制造业分行业低碳经济发展问题，从低碳产出、低碳消耗和低碳资源 3 个方面构建了包含 6 个子指标的低碳经济发展水平评价指标体系，并利用熵权的灰色关联投影法对其进行了综合评价（杨浩昌等，2014；孙久文等，2014）；有学者运用信息熵法和因子分析法综合评价并比较了我国 22 个地区的低碳经济发展能力（Luo et al.，2011）；还有学者将粗糙集理论和 DEA 方法引入低碳经济评价之中，建立基于 DEA 模型的低碳经济投入—产出指标体系，并对区域经济发展水平进行评估，得到低碳经济的关键属性（黄宗盛等，2014）。

3. 低碳发展的影响因素研究

国内学者主要从能源结构、产业发展模式等角度出发来考察低碳发展的影响因素。有学者运用多元化指数方法分析了经济发展对碳排放的影响，认为经济结构的多元化和能源消费结构的多元化会导致国家发展从以高碳燃料为主转向以低碳燃料为主（张雷，2003）。有学者基于碳排放量的基本等式并采用对数平均权重分解法，定量分析了 1999—2004 年能源结构、能源效率和经济发展等因素的变化对中国人均碳排放量的影响（徐国泉等，2006）。有学者建立我国人均碳排放的模型，把能源结构、效率和经济发展作为影响碳排放量的因素进行研究，结果显示，经济发展对推高我国人均碳排放的贡献率呈指数级增长，而能源效率和能源结构对抑制我国人均碳排放的贡献率都呈倒"U"形曲线。基于 2009—2014 年我国 30 个省份的二氧化碳排放量，探索企业责任与碳排放之间的关系，研究结果表明企业社会责任对区域环境的影响是正面的（王晓路，2018）。何洁分析了我国不同产业对二氧化硫排放的影响，并指出了我国未来的碳排放量，她指出在2018年前第三产业的发展提升了二氧化硫的排放量，而2018年后重工业的发展则成为二氧化硫排放量提升的主要原因。研究我国的能源消耗及工业污染的状况，发现工业是高污染的主要源头，也是高能耗的主要途径（张宁，2016），要想实现可持续发展，就应该优化各产业结构，减轻工业的快速发展给人类社会带来的压力。

4. 低碳发展的模式研究

国内学者对低碳发展模式的研究主要从产业结构、能源结构、技术结构、政策制度等方面进行规划。碳排放量成为衡量人类经济发展方式的新标识，而正是碳减排的国际履约协议孕育了低碳经济（鲍健强，2008），据此提出我国多层面推进低碳经济发展的路径与方法：一是调整产业结构，二是降低对化石能源的依赖，三是发展低碳工业，四是建设低碳城市，五是通过植树造林、生物固碳来增加碳汇。在气候问题备受关注的国际大背景下，人类社会呈现发展模式不断转变、国际碳排放协议不断完善等趋势（郭印、王敏洁，2009）。有学者把低碳经济的产生背景作为切入点，介绍了英国、德国、意大利等国家发展低碳经济的经验。有学者总结出了我国多层面发展低碳经济的途径，包括加大国家法律和政策的支持力度，优化能源结构，限制高碳产业市场准入等方法。有学者从国际上低碳经济的政策和措施入手，结合我国发展低碳经济的实践，提出了制定强制性法规标准、提供经济激励和发展碳交易等政策措施，同时介绍了国际上的能源节约技术、可再生技术和碳捕集技术（任奔、凌芳，2009）。中国低碳经济发展道路的选择，要立足于中国的基本国情和国家利益，从确定发展目标、聚焦关键技术、完善制度保障等方面促进我国低碳经济的发展（刘传江，2010）。

5. 碳排放相关指标的研究

现有关于碳排放热点的研究大致可分为以下两类：第一类文献是关于碳排放的测度分析，这类研究主要聚焦于对不同区域、不同行业的碳排放水平、强度、峰值的测算；第二类文献多集中在对碳排放影响因素的讨论上。既有研究中关于碳排放核算的视角选择主要集中于能源消费侧，学者们多从工业产品生产过程（李明煜等，2021）、农业生产活动（吴昊玥等，2021）、居民消费领域（彭璐璐等，2021）等多角度开展碳排放量测度，涉及的碳排放核算方法包括基于中宏观产业链层面和基于微观产业链层面的碳排放测度方法。中宏观产业链层面的碳排放核算方法主要有清单核算法和投入产出法（王丽萍、刘明浩，2018），是一种基于碳排放清单列表和排放因子，并结合能源统计年鉴相关数据进行碳排放核算的方法（Liu et al.，2015），是目前广泛应用的一种碳排放测度方法。微观产业链层面的碳排放核算方法多为生命周期评价法，如常用来核算光伏产品在生产、使用、回收 3 个阶段产生的碳排放（赵若楠等，2020），或者核算城市公共交通在建设、运营、维护、回收处理阶段的碳排放（张秀媛等，2014）。整体来说，生命周期评价法对碳排放的核算贯穿于产品的生产、运营、回收等整个循环过程。例如，关于长三角地区碳排放绩效评价研究表明，长三角地区低碳经济发展不均衡，碳排放绩效水平内部差异较大，上海、江苏、浙江、安徽碳排放绩效平均水平依次降低，内部差异程度也依次扩大；技术进步是长三角地区碳排放绩效提高的重要驱动力，而效率恶化对长三角地区提高碳排放绩效起抑制作用，其中，安徽省内各城市效率恶化问题尤为突出（刘军航等，2020）。对长三角地区碳排放效率时空特征及影响因素进行分析发现，长三角地区碳排放差异明显，总体由东南向西北移动；影响碳排放的主要因素有技术水平、人口密度、经济水平、产业结构、空间因素、外商投资、单位 GDP 能耗和生态环境（李建豹等，2020）。有学者运用非角度的混合方向性距离函数模型（HDDF），对长三角中心区 24 个城市和非中心区 9 个城市 2014—2018 年的碳排放绩效进行了实证研究；还有学者从城市化的视角实证分析了长三角地区城市化与碳排放的关系，认为在城市化的不同阶段，经济发展表现出不同的特征，从而使碳排放对人类经济活动的反应不同（刘军航等，2020；毕晓航，2020）。

6. 碳减排的影响因素研究

国内学者对于碳减排效果研究主要从宏观、中观和微观层面展开。碳关税可促进企业在一定条件下减少二氧化碳的排放，但国家贸易在一定程度上可能有所损失（侯玉梅等，2016）。有学者对我国碳税与碳排放权交易两种政策工具的选择进行研究，结果表明：整体企业违约率越高，越适合实施高比例碳交易政策调控。碳减排约束对微观企业的影响，主要包括碳减排政策对企业的生产量、订货量、利润、投资路径、运作和减排决策等的影响（曾悦，2017）。碳政策约束会影响企业的生产量、减排率以及企业的利润（周颖、韩立华，2015）。碳减排技术创新投入的补贴比例变化对供应链的最优碳减排量、订货量及期望利润有较大影响，呈正向变化关系，而且在其他参数不变及供应链碳减排量一定的情况下，碳税与碳减排补贴比例呈反向变化关系（曹细玉、张杰芳，2018）。

（二）流域低碳发展的相关研究

1. 流域低碳发展的影响因素研究

对于流域低碳发展影响因素研究，国内学者从土地结构、生态保护、气候变化、经济发展、能源结构等方面开展。基于土地利用优化配置和土地利用碳排放等理论和方法，将低碳与土地利用结构优化相结合，研究表明，经济效益优先方案能提升研究区经济水平，但不利于生态发展（李思琦、周敏，2022）；而低碳优先方案在保证生态效益的同时，通过增加林地面积、投入林地产业建设等措施来提高经济收入，推动区域可持续发展，实现土地利用结构的优化管理。有学者以石羊河流域地表植被为研究对象，通过修正的 CASA 模型和土壤微生物呼吸模型，计算石羊河流域生态系统植被碳汇，探索研究石羊河流域植被碳汇时空分布特征及其变化规律，并从多方面探讨其影响因素，研究表明人类活动对植被碳汇呈负面影响的趋势（贠银绢，2018）。有学者从低碳视域下研究黑龙江流域农业生态旅游开发战略，认为应当从加快政府旅游部门的政策落实、提高自然资源利用的科学技术水平、加强周边住户的低碳意识宣传推广、建立健全低碳农业生态旅游新体系等角度来促进黑龙江流域农业生态旅游业的持续稳定发展（王姗姗，2016）。有研究发现气候变化所引发的极端水文灾难事件，已经威胁到塔里木河流域水资源供给系统（邓绍云、马哈沙提，2014）。基于太湖流域农户的微观调研数据，实证分析结果表明，受教育年限、非农收入、加入农业合作社以及参加农业培训等都对农户的低碳农业生产行为产生显著影响（侯博、侯晶，2015）。

2. 流域低碳发展的评估指标体系研究

国内学者主要从经济发展、能源消费、科技水平、生态保护等方面构建评估指标体系。有学者选取辽河流域辽宁段作为研究对象，把碳排放强度作为评价指标，分析其低碳经济发展现状和存在的问题，发现辽河流域存在区域间低碳经济发展不平衡、低碳消费意识有待增强、低碳建筑发展不够成熟、碳汇水平有待提高等问题（高宝等，2014）。以长江流域为研究对象，结果表明长江经济带的碳排放总量与增长率、人均碳排放量与增长率均高于全国平均水平，加快经济发展的低碳转型已经刻不容缓（黄国华，2016）。与此同时，在如何实现长江经济带低碳经济转型问题上，不少学者也开展了相关性探索。从实证研究角度来看，基于面板数据，调查发现长江经济带的低碳发展之路具有明显的地域差异性——东部地区要注重低碳技术研发，中部地区需加快产业结构转型，而西部地区则要发挥资源禀赋优势；利用乘数效应分析了长江经济带的低碳协调发展问题，结果表明提高消费比重、调整出口结构和能源消费结构，是有效促进长江经济带低碳协调发展的重要途径（袁磊，2016；张友国，2018）。为了进一步探索加快低碳转型步伐的问题，具体到效率层面，学者们使用 DEA 方法测算了长江经济带 2000—2013 年的全要素碳生产率，结果发现长江经济带的全要素碳生产率表现出显著的地区差异性，且技术进步是提升全要素碳生产率的关键因素（刘传江、赵晓梦，2016）；利用 DEA-EBM 模型测度长江经济带 2006—2014 年各省份的节能减排效率，结果发现长江经济带的省际节能减排能力在空间上呈现出东高西低的分布格局，加快技术创新是有效提升节能减排能力，进而推进低碳经济发展的主要途径（田泽，2016）；在考察低碳经济增长效率并结合其空间相关性分析的基础上，运用空间面板数据模型实证分析了影响低碳经济增长效率的供给侧结构性因素，研究发现，长江经济带的低碳经济增长效率表现出显著的省际差异性，大多数下游省份的低碳经济增长效率相对较高，而中上游省份的低碳经济增长效率则相对较低，长江经济带的低碳经济增长效率具有显著的空间自相关性，在空间上的分布呈现出典型的空间集聚格局（马大来，2020）。有学者以长江三角洲地区的低碳经济发展为研究对象，系统地分析了能源消耗与低碳经济发展现状及区域差异，并从经济、产业、科技、环境方面构建了长三角区域能源消耗与低碳经济发展评估指标体系，进而利用主成分分析法测度长三角地区与全国的低碳经济发展水平，研究发现长三角地区低碳经济发展水平高于全国的平均水平，上海市低碳经济发展水平高于浙江、江苏两省（曹炳汝等，2014）。

3. 流域低碳发展的模式研究

在流域低碳发展方面，有学者研究了黑龙江流域开发农业生态旅游的优势、问题以及新战略，进行了全面考量及优化路径探索，发现促进黑龙江流域农业生态旅游业发展有利于全面协调可持续发展（王姗姗，2016）。长江流域应当通过发展战略性新兴产业来增强低碳经济发展能力，深挖"节能减排"潜力，以应对逐渐增加的外部不确定性以及日渐增大的资源环境制约压力，将经济发展真正转到绿色、低碳的轨道上来，发挥其巨大的实际应用价值（方磊、刘少华，2012）。灞河流域在流域综合治理过程中实施低碳管理模式，提出了在水资源保护区、水库、河流、水土保持林地、河道湿地实施低碳管理的具体措施（魏立新，2013）。在低碳经济下，有学者通过分析曹娥江流域（上虞段）中小型出口企业转型升级的障碍性因素，提出了转型升级的路径，主要有政府提供政策引导、企业提高自主创新水平等（黄福蓉，2013）。在对江苏太湖流域农业结构现状调查分析的基础上，结合气候变化对江苏农业产生的影响，采取定性和定量、理论分析和实证研究相结合的方法，对江苏太湖流域不同低碳农业模式对温室气体二氧化碳当量减排效果进行了探索性的分析研究，有学者从科技创新、低碳政策机制、低碳金融支持、低碳宣传等角度提出了江苏太湖流域低碳农业发展的合理化对策建议（管明等，2012）。

（三）黄河流域低碳发展的相关研究

1. 黄河流域低碳发展的影响因素研究

现有研究对黄河流域绿色低碳发展的制约因素都有所涉及，本书所选文献提出的黄河流域生态保护和高质量发展影响因素包括经济、社会、文化、生态等。综合来看，产业发展不平衡、内部差异、创新水平低等是黄河流域高质量发展面临的主要问题（杨丹等，2020）。经过梳理，本书认为，影响黄河流域绿色低碳发展的关键问题在于自身的环境制约，主要包括生态环境脆弱、资源禀赋差异、环境承载力弱等问题。水土流失和水污染严重、水资源短缺等问题造成黄河流域生态环境脆弱性上升。黄河流域各地区产业发展速度加快、人口增多，对流域生态环境的承载力提出了更高要求。后续研究进一步指出黄河流域发展缓慢的原因在于水资源短缺、水沙关系不协调等（张红武，2020）。为了验证理论分析结果，有学者对 2014—2020 年黄河流域相关城市的面板数据进行实证分析，结果表明生态环境脆弱是制约其绿色低碳发展的重要因素（周清香等，2020）。因此，应从问题的源头出发，把共同抓好大保护、协同推进大治理的指导思想作为基本理论指导，加强黄河流域生态保护，以"绿水青山就是金山银山"的绿色发展理念助推黄河流域经济的可持续发展。黄河拥有丰富的自然资源，但上、中、下游地区之间的发展差距较大，资源禀赋差异明显，不利于流域经济的绿色协调发展。由于不同区域间的资源禀赋差异影响地区生态环境，黄河上、中、下游对维护我国生态安全和经济协调发展的作用不同，黄河流域绿色低碳发展应在保护生态环境的前提下，促进区域协调发展（郭晗，2020；杨永春等，2020）。自然环境的特殊性，决定了黄河流域上游地区的资源禀赋优于中下游地区，新时期应根据资源禀赋，践行生态优先、绿色发展的理念，因地制宜、优势互补，充分发挥流域比较优势，不断加强流域内各区域间的合作，推动资源的合理有序流动，从而实现全流域的绿色协调与低碳发展。黄河流域洪涝灾害频发、环境承载力弱等问题是制约其绿色低碳发展的关键问题。黄河治理重在保护、要在治理，推进流域高质量发展的关键在于保护流域生态，提升黄河流域环境承载力。黄河是一个生态整体，流域生态问题的产生是一个复杂的系统性问题，何爱平等强调了黄河流域灾害形成机理的复杂性，黄河流域的过度开发和利用加大了治理和保护生态的难度。要把握好生态保护与经济发展之间的关系，不能以牺牲生态环境为代价来发展经济。还有学者强调协同治理对黄河流域绿色低碳发展的重要性（梁静波，2020），明确了绿色发展是高质量发展的重要内容，黄河流域存在的相关问题是协同治理不足造成的。推动黄河流域的绿色低碳发展，是基于对流域生态的保护，满足人民对美好生活需要的现实要求。

2. 黄河流域低碳发展的评估指标体系研究

黄河流域低碳发展评估指标体系研究主要涉及黄河流域高质量发展、生态环境保护、绿色协同发展等方面，从指标选取、体系构建、模型设计等角度进行研究。学者构建了包括生态保护、环境综合治理、人水关系调节、区域高质量发展、黄河文化复兴5个子系统的评估指标体系，在此基础上，测算黄河流域2009—2019年工业绿色低碳转型与经济高质量发展水平，采用Dagum基尼系数及分解方法对工业绿色低碳转型与经济高质量发展协调度的区域差异进行测算与分解，结果表明黄河流域工业绿色低碳转型和经济高质量发展均取得一定进展，但工业绿色低碳转型明显滞后于经济高质量发展（徐福祥等，2022；田泽、肖玲颖，2022）。立足沿黄流域9省份的工业绿色发展现状，从工业经济绿色增长、工业资源环境影响和政府绿色政策支持三大维度构建沿黄流域9省份工业绿色发展水平评估指标体系，研究认为自2011年以来，沿黄流域9省份整体工业绿色发展水平综合得分呈现上升的趋势（仵玲玲，2022）；以黄河流域64个地级及以上城市为研究样本，基于"经济—社会—生态"协调发展原则，从"绿色增长、绿色福利、绿色财富、绿色治理"4个角度构建黄河流域绿色发展评价体系，黄河流域城市绿色发展水平呈现波动上升趋势，马太效应与路径依赖特征显著，省会城市发展水平显著高于其他城市，而以传统原料加工、采掘为主导产业的城市持续集中于绿色发展低水平（王佳璐，2021）。

3. 黄河流域碳排放相关指标研究

国内学者对黄河流域碳排放的研究主要基于碳排放强度、碳排放效率等指标。从流域间、流域内比较视角探究黄河流域碳排放效率的空间集聚特征与演化规律，研究发现2005—2017年，黄河流域碳排放效率平均值为0.747，碳排放效率总体处于较低水平，碳排放效率呈先降后升的"U"形变化趋势（蒋培培等，2022）。运用IPCC测算法测算2005—2019年黄河流域9省份的碳排放量，并运用Tapio脱钩模型分析经济发展与碳排放的脱钩关系（史红伟、郭银菊，2022）。黄河流域地（市）间碳排放具有较强的空间相关性，空间集聚性呈现增强趋势；碳排放强度受到多种因素的综合影响，地区经济增长水平、能源结构、产业结构、技术水平是重要的影响因素（高新才、韩雪，2022）。

4. 黄河流域低碳发展模式研究

黄河流域低碳发展模式的研究领域包括水资源管理、能源结构、区域协调发展、生态保护等，研究方法有理论研究和实证研究，研究视角有省域与上、中、下游。在对毛泽东的流域治理思想进行总结时发现，要实现我国流域生态保护和高质量发展必须从 3 个方面进行："流域性"系统治理是在全流域的范围内出发，统筹协调经济—社会—生态共同发展，同时要尊重自然规律的客观性，从整体的角度出发指导实践（张慧芝，2013）；"跨流域"平衡治理要求实现黄河流域生态保护必须放宽视角；"多行政区"联合治理是从黄河流域流经 9 省份这一实际出发，切实打破地方行政分割对流域生态保护的阻碍。

从习近平总书记的流域思想出发，指出要明确黄河流域生态文明治理的主攻方向，总结历史方面的治水经验（姜迎春，2020）。同时，习近平总书记不仅运用辩证的思维提出解决粗放的发展方式，还运用系统思维以及底线思维，在立足于黄河全流域可持续发展的基础上提出了要守住生态责任底线。以黄河流域合作市生态文明建设为例，作为黄河流域生态保护的重要组成部分，合作市的可持续发展举措启示在进行生态治理时必须坚持从实践的角度出发，从基本市情出发制订解决问题的方案，构建保护系统（王录仓等，2011）。科学的思路是推进生态保护工作的关键，即从生态保护系统工程指导、黄河流域各区域科学治理以及生态治理"一盘棋"的三维角度科学统筹黄河流域的高质量发展（陈耀，2019）。水土保持工作在生态保护和高质量发展的推进过程中具备不可替代的属性。目前，虽然黄河流域水土保持工作成效显著，但仍面临着生态建设持续发展及水土保持高质量发展的问题。

从粮食安全的角度出发，有学者提出创新流域水管理机制是实现黄河流域生态保护的必要之举，服务于国家粮食安全。政府要注重对水资源市场的管理，创新制度，提高流域水生态文明水平（方兰，2019）。黄河口大保护与高质量发展对整个黄河流域生态保护而言起着极其重要的作用。对黄河三角洲大保护应以恢复黄河多流入海、生态恢复，以及生态补偿等方面为抓手，针对三角洲特殊的地理位置，制定科学的生态治理体制机制（王建华等，2019）。同时，应关注长期内流域生态建设的约束，更进一步地推动黄河流域生态保护和高质量发展的建设工作。黄河流域生态保护的重点是从多维度出发，利用府际协同、主体协同以及要素统筹的思维实现对多省域流域治理的科学统筹（赵建军，2020）。科学的流域相关法律体系的完善对流域内营造良好的法治环境起着至关重要的作用，黄河流域内的生态环境违法行为具有关联性、放大性的特殊属性，要求在坚持生态文明建设和黄河流域高质量发展的指导思想上，打破传统的以区域为主的体系，遏制在生态治理过程中出现的生态环境违法行为，营造适宜发展的法治环境（孙佑海，2020）。

有学者从省域生态文明建设的角度出发，运用层次分析法、德尔菲法以及 SPSS 展开聚类分析的方法，指出了黄河流域 9 省份中稳定协调类、中度协调类以及相对协调类省份进行生态文明建设中的优势与短板（刘志博等，2020）。通过对黄河流域 9 省份 1997—2019 年的经济和碳排放状况、产业结构和能源结构特征、拐点和脱钩情况以及碳排放的驱动因素进行分析，有学者认为要重视黄河流域各省份"双碳"目标实现路径的差异性，注重各省份低碳发展的整体性与协同性，推动黄河流域"双碳"路径规划与国家"双碳"目标深入融合，从而构建黄河流域低碳高质量发展的新格局（赵忠秀等，2022）。基于黄河流域产业发展及产业能耗现状，本书指出黄河流域应大力发展绿色产业，完善黄河流域绿色产业链；构建绿色产业体系，推进黄河流域产业绿色化转型；转变产业发展模式，加快黄河流域新旧动能转换；加强绿色科技创新，推动黄河流域传统产业低碳化转型。

二、国外研究综述

（一）低碳发展的相关研究

1. 低碳发展的概念和必要性研究

低碳发展诞生在全球气候变化的背景下，该概念最先出现在《我们能源的未来：创建低碳经济》白皮书中。[①] 书中指出，低碳发展是通过更少的自然资源消耗和更少的环境污染，获得更多的经济产出；低碳发展是创造更高生活标准和更好生活质量的途径和机会，也为发展、应用和输出先进技术创造了机会，同时能创造新的商机和更多的就业机会。随后，学者探讨了英国降低住房二氧化碳排放的技术可行性，认为利用现有技术到 21 世纪中叶实现在 1990 年基础上减排 80% 是可能的（Johnston et al.，2005）。学者探讨了德国在 2050 年实现在 1990 年基础上减少 80% 二氧化碳排放的可能性，认为通过采用相关政策措施，经济的强劲增长和二氧化碳排放减少的共同实现是可能的（Treffers et al.，2005）。学者回顾和描绘了长期气候稳定的情景，将排放变化分解为 3 个因素：二氧化碳强度、能源效率和经济活动，指出为实现至 2050 年 60%~80% 的碳减排目标，总的能源强度优化速度和二氧化碳强度下降速度必须比以前 40 年快 2~3 倍（Kawase et al.，2005）。学者构建了一种描述城市尺度低碳经济长期发展情景的方法，并将此方法应用到日本滋贺地区（Shimada et al.，2006）。低碳发展的合理方式和低碳发展的实施，使人类的生活空间更加舒适，生活质量更高。Stern（2006）指出，每年全球对促进低碳经济发展的投资占 GDP 的 1%，这可以防止未来 5 年 GDP 损失 5%~20%。普雷斯科特认为英国在实现碳减排的同时能够实现经济增长。从全球角度来说，实现低碳经济对发达国家和发展中国家都应是必然选择。美国经济学家 Boulding 提出，要凭借对自然资源的循环利用，减少社会生产中自然资源的投入量，减少废弃物的排放，实现一种对自然环境危害最小的发展模式。

2. 低碳发展的评价指标体系研究

对低碳发展水平评价指标体系的研究主要从指标体系的构建、评价方法、发展程度划分方法等角度出发。衡量低碳发展的指标主要包括单位国内生产总值（GDP）能耗、人均能源消耗、单位 GDP 碳排放、人均碳排放以及基于工业部门的碳排放强度（Lynn et al.，2013）。学者建立了低碳经济评价等级标

---

① UK Energy White Paper 2003, entitled "Our energy future：creating a low carbon economy".

准，按照评估指数，将低碳发展水平分为低碳经济、中低碳经济、中碳经济、中高碳经济、高碳经济5个等级（Riesman，1999）。有学者首次提出用TOP-SIS方法对各地区的低碳经济发展水平进行评测（Hwang and Yoon，1981），该方法利用各评测对象的综合指标，通过计算得出各评测对象与理想值的接近程度，并将其作为评价各个对象的依据，是一种多目标决策的方法。

3. 低碳发展的影响因素研究

影响低碳发展的因素主要分为产业结构因素和能源结构因素。在产业结构因素方面，国外学者的研究重点主要是低碳环保技术和新兴的能源产业，通过这些技术来控制能源的消耗，减少碳排放量，从而实现低碳经济的快速发展。国外学者建立了涵盖可持续发展整体观点的低碳城市评估指标框架，涉及经济、能源、社会和生活、二氧化碳和环境、城市流动性、固体垃圾、水等多个方面（Tan et al.，2017）。通过对经济的增长和二氧化碳的排放、能耗之间的关系来测度低碳经济的发展和影响因素（Soytas et al.，2007）。Lin和Charles主要分析了能源消耗与产业结构现状之间的关系，通过构建评估指标（能源、环境质量和经济指标）体系，指出应转变产业的发展模式，降低高耗能的密集型产业的发展，优化产业结构，发展低碳经济。Koji Shimada阐述了一个长期的低碳经济发展计划，指出要想减少全球气候变化给人类社会带来的危害，需要对现有的社会经济发展方式进行转型升级，提高低碳技术的应用水平等。

在能源结构因素方面，国外学者主要从能源消费、能源结构角度出发，探讨能源对低碳发展的影响。Dagoumas等利用全球范围内的能源—经济—环境模型（E3MG）对英国低碳经济和能源消费结构进行研究，结果发现能源消费结构的不同会引起低碳化水平的不同。Noam Bergman论述了英国碳排放量的增加，主要是由于能源的不断排放，指出传统的节能减排技术虽然成本较低，但是开发新兴能源产业也会促进低碳经济的快速发展，并减少二氧化碳的排放量。Ugur Soytas等利用VAR模型分析了美国和土耳其的经济与能源消耗和碳排放量之间的关系，研究表明，碳排放量的高速增长并不是经济快速发展所导致的，而是能源消耗的不断提高带来的。

4. 碳排放相关指标的研究

国外学者对低碳经济发展的碳排放量控制做了相关研究。有学者从英国发展低碳经济的举措与成就等方面进行了全面分析，发现目前英国低碳经济发展过程中存在很大问题，并希望在未来一段时间内，英国能够实施有效的低碳经济发展措施（Ren et al.，2012）。有学者从发展低碳经济的机遇与挑战、途径与潜力等方面介绍丹麦向低碳经济转型的过程，并在宏观层面上对发展低碳经济提出相关建议。总之，国外学者对低碳经济发展模式下碳排放量控制的研究相对而言早于国内，研究理论也比较系统化，但缺乏通用性，不适用于我国的低碳经济发展现状（Jia et al.，2014）。在碳减排对总体经济、地区和行业的影响研究中，碳减排约束对中观产业、宏观经济的影响，主要涉及产业结构、国家经济、收入分配等，碳税会对经济产出产生负面影响（Kamat，1999）。有研究表明碳税和研发补贴政策的结合可以有效抑制碳密集型产业的增长（Lim et al.，2012）。分别以亚洲和泰国为例，研究表明实施碳交易政策能够促进经济增长和行业发展，与能源消费结构具有正向的显著关系（Massetti and Tavoni，2012；Thepkhun P et al.，2013）。在微观层面，Benjaafar 等首次探究碳排放对供应链系统的影响，研究发现二氧化碳的排放将对供应链系统中管理和运作决策产生显著影响。

（二）流域低碳发展相关研究

1. 流域低碳发展的影响因素研究

国外学者对影响流域低碳发展因素的研究，主要基于经济发展、水资源、土壤结构等角度。在经济发展方面，研究发现贸易自由化和便利化在尼罗河流域产生了巨大的经济效益，并促进了经济增长和社会福利改善，制定自由贸易政策对节约用水和低碳发展的影响是有限的，而气候变化改善了供水，从而改善了灌溉用水，提高了流域的经济增长和福利待遇（Kahsay et al.，2018）。在水资源方面，研究指出马达加斯加的河流域将出现水资源匮乏和使用冲突，并且气候变化将加剧水资源短缺现状，对流域地区低碳发展产生影响（Harifidy et al.，2022）。在土壤结构方面，研究发现生物燃料作物可用于土地恢复和减少圣塔克拉拉流域的碳排放，在生态上能改善土壤条件，具有碳储存源和水文功能（Kartopa，2021）。Mirchooli 的研究认为，社会、经济、环境和政策 4 个维度将会影响流域的可持续发展，并就此构建伊朗沙赞德流域低碳发展"晴雨表"。从土地利用、土壤退化、地形土地属性和人类发展 4 个角度考察影响流域土壤可持续发展的因素（Edivando et al., 2020），研究认为对不可再生资源的强烈依赖，特别是工业系统内的水泥行业和运输设备制造业，以及农业系统中化肥和农药的大量使用，是洱海流域目前低碳发展的制约因素（Chen et al., 2018）。还有研究认为土地退化、水污染、水资源短缺和社会经济压力会制约热带流域的低碳发展（Rachmad et al., 2014）。

2. 流域低碳发展的评估指标体系研究

国外学者对流域低碳发展评估指标体系研究主要从经济、社会、资源（包括水资源与能源）等方面构建指标体系。Peterson 等指出要构建合理的生态水文模型必须明确的第一要务，是考虑接触到的变量与流域环境的相关程度。其他学者认为，要建立更优化的流域生态水文模型必须着重考虑植被这一影响因素，从而构建了考虑不同目标函数的生态水文优化模型（Schymanski et al., 2009）。Runyan 等从时空尺度衡量了生态水文模型的演化模型，在更长的时空角度提出了植被与水文之间可持续发展的互馈机制。目前，流域水文模型的研究正在向多因素相互作用的方向发展，单以水循环为对象的研究已经不能满足水文模型建立的综合性要求，流域水文的研究也逐渐发展成为研究水文过程与生态过程互馈机制的交叉性分析（Singh，2018）。Eamen 等通过整合水资源系统模型和经济模型，为流域尺度开发了水文经济建模框架，结果表明，经济上最优的水资源分配策略可以减轻高达 80% 水资源压力的经济损失（Eamen et al., 2021）。Harifidy 等（2022）建立基于洪水、水资源利用和环境保护的水资源集成管理模型，评价了马达加斯加的河流域的低碳可持续发展水平。Wang 等（2021）基于 REECC（资源、环境、生态承载力）、PLES（产业—生活—生态—空间）和 ER（生态红线）的维度评价结果，构建流域耦合协调度模型和空间自相关模型，探索流域绿色低碳发展的耦合协调度和空间分布。Wang 等（2020）根据绿色发展的定义和沱江流域的特点，从经济、社会、资源、自然 4 个方面，选取 9 个一级指标和 17 个二级指标，建立沱江流域绿色发展评价体系。Maryam 等（2018）从经济、社会和环境 3 个维度构建可持续指标来评价流域的可持续发展水平。

3. 流域低碳发展模式研究

国外学者主要从协同发展、产业结构调整、技术进步等角度规划流域低碳发展模式。研究认为通过多方利益相关者协调谈判，可以降低尼罗河下游地区减少供水和能源生产的风险，改善河流低碳发展环境（Wheeler et al.，2018）。从经济转型与治理现代化、土著权利保护和自然保护等角度出发，构建了水、能源、粮食和生态系统协同发展模型，为埃塞俄比亚和肯尼亚奥莫—图尔卡纳流域的可持续发展提供流域低碳管理途径（Kleinschroth et al.，2021）。研究认为通过产业结构的调整或产业转型和技术进步，可以改变当前经济增长与水环境的关系，通过环境库兹涅茨曲线（EKC）相关特征，可以在亨泰河流域实现区域经济社会的低碳发展（Liu et al.，2019）。有人提出了提高洱海流域整体低碳发展的政策见解，包括调整产业结构、促进循环经济发展、促进绿色农业发展、提高用水效率和增加可再生能源利用等（Li et al.，2018）。

三、研究现状评析

综上所述，国内学者对低碳发展研究涵盖领域较为全面，从我国的实际出发，对低碳发展的概念、影响因素、评估指标体系、发展模式等方面进行了广泛研究，研究行业集中在能源、农业等领域。国外学者在低碳发展研究领域较为成熟且成果丰富，在低碳发展的概念及其必要性、评估指标体系等方面的研究较为前沿，研究范围主要集中在国家、地区和城市等宏观和微观层面，研究行业主要是电力、交通、建筑、化工等以及农业领域。在流域的低碳发展研究中，国内外文献主要集中在低碳发展影响因素、低碳发展评估指标体系以及流域低碳发展模式研究等方面，研究对象主要围绕"水"展开，如水资源、水管理、水土保持等，对于流域范围的碳排放与低碳经济发展研究相对较少。

黄河流域低碳发展研究涉及经济、文化、生态等方面，在新的经济发展时期，推进黄河流域低碳绿色转型发展是未来研究的重要方向。现有研究为我们认识黄河流域生态保护和高质量发展的相关问题提供了多维视角，在低碳发展影响因素、低碳发展评估指标体系构建、碳排放以及低碳发展模式等方面的研究较为丰富。但综合来看，目前研究在以下方面仍需加强和完善：（1）现有研究讨论黄河流域低碳协同发展的较少，多集中于对流域整体的系统性研究。黄河流域低碳发展的推进，是一项系统性的大工程，要加强流域上、中、下游，以及流域内各区域的协同发展，推动流域内各区域的高质量发展。（2）对碳排放相关指标的研究，多围绕某一指标进行探讨，将碳排放权、碳排放强度、碳排放效率、碳减排潜力等指标进行综合研究的文献较少；在研究视角上缺乏省域视角，中观、微观行业视角；研究以静态分析为主，缺乏动态时空研究。

基于此，本书拟从以下两个方面对现有研究进行丰富：第一，基于黄河流域生态环境脆弱这一特点及其在保障我国能源安全和生态安全中的重要性这两方面考虑，本书以黄河流域为研究对象，对其低碳发展路径进行探索；第二，在现有研究的基础上，深入研究黄河流域低碳发展中的碳排放现状，综合分析碳排放权、碳排放强度、碳排放效率、碳减排潜力等指标，为黄河流域的低碳发展打下坚实的理论基础并提供决策路径依据。

第三节 研究目标和内容

一、研究目标

本书综合运用生态文明思想理论、流域经济理论、环境经济学、可持续发展理论、公共物品理论等，以黄河流域低碳发展为研究对象，对"黄河流域的低碳发展现状和碳排放治理方面"展开深入研究，为黄河流域在高质量发展和生态环境保护耦合协调发展过程中实现绿色低碳转型、达到碳减排目标提供理论指导和决策借鉴，这是本书研究的目的所在：首先，黄河流域碳排放权、碳排放强度测算及其驱动因素分析，为实现黄河流域低碳转型提供理论依据；其次，分析黄河流域碳排放效率、碳减排潜力和碳排放权分配，为黄河流域实现碳减排目标提供可行性分析；再次，从博弈视角探讨公共利益主体下的黄河流域生态补偿机制；最后，提出黄河流域绿色低碳转型的发展路径。

二、研究内容

本书拟通过 8 个章节对黄河流域低碳发展进行研究论述。

第一章为导论。首先，阐述黄河流域低碳发展的选题背景和研究意义；其次，对目前已有的关于低碳发展、流域低碳发展等方面的国内外文献资料进行查找、分析，在此基础上进行文献综述；再次，提出本书的主要研究内容、方法和思路；最后，指出本书可能存在的创新之处。

第二章为基本概念与理论基础。一是对涉及黄河流域低碳发展的核心概念进行界定，如低碳发展、碳排放、碳排放效率等；二是对黄河流域低碳发展所用到的理论进行介绍。

第三章为黄河流域低碳发展的现状与困境。分析黄河流域的基本情况，包括经济社会发展情况、生态环境情况、能源生产与消费情况等；梳理黄河流域低碳发展的实践过程，指出黄河流域低碳发展的现状与面临的困境。

第四章为黄河流域碳排放和碳排放强度的变化趋势及驱动因素。从高质量发展背景出发，分析黄河流域的碳排放状况，通过测度黄河流域的碳排放强度并探究其时空演变和驱动因素，掌握黄河流域当前的低碳发展现状、困境及其成因，提出相应的政策建议。

第五章为黄河流域碳排放效率的区域差异、收敛性及影响因素。从效率的角度，衡量碳排放的投入产出，运用超效率 SBM 模型测度黄河流域的碳排放效率，并分析其区域差异、收敛性，从而了解黄河流域内部 9 省份之间的碳排放效率情况以及差异变化情况；运用空间杜宾模型识别碳排放效率的影响因素，并据此提出针对性建议。

第六章为黄河流域碳排放权省域分配及碳减排潜力评估。以 2030 年碳强度目标为前提，通过构建碳排放权的指标分配体系和模型方法，测算当前黄河流域整体及其各省份的碳排放权配额盈余情况，并预测未来几年黄河流域所需的碳排放权。另外，综合运用聚类分析法和最优能源效率法测度黄河流域 9 省份的碳减排潜力并进行分析比较。

第七章为基于公共利益主体博弈的黄河流域生态补偿机制构建。首先描述黄河流域生态补偿的现状和主要问题，运用博弈论对黄河流域生态补偿实施进程中的公共利益主体行为进行博弈分析，将博弈层次分为上下游地方政府间的博弈、中央政府激励约束下的黄河流域政府间博弈、微观利益主体与地方政府间的博弈 3 个层次，探索黄河流域生态补偿机制的构建，以促进黄河流域生态经济协同持续发展。

第八章为黄河流域低碳发展转型的路径。本章提出促进黄河流域低碳发展转型的路径：加强黄河流域碳排放多元主体协同合作治理；发挥流域各省份优势，探索新兴产业发展及碳减排模式；优化和完善黄河流域碳排放治理配套机制及政策；打造宜居的黄河流域环境与优质的黄河文化品牌；建立多元化的协同联动机制，配套制度完备的保护机制。

第四节　研究方案和方法

一、研究思路

本书以文献资料梳理归纳—概念界定与理论运用—现状分析与实证检验—结论与建议为主线，具体可分为以下几步：

（1）对黄河流域低碳发展相关文献进行全面梳理分析，主要包括流域低碳发展、低碳发展的水平测度、低碳发展概念界定、低碳发展影响因素等相关文献，力求准确把握概念内涵，并指出现有文献不足之处，从而确定本书的研究问题与研究思路，引出本书的主要研究内容。

（2）界定低碳发展、碳排放、碳排放强度等相关概念，阐述低碳发展的理论基础，分析黄河流域低碳发展的作用机理；根据流域低碳发展的实践情况，了解黄河流域当前低碳发展的现状和面临的困境。

（3）对黄河流域的低碳发展情况进行实证分析，运用各种方法、建立模型对相关要素的时空演变、地区差异、影响因素等进行研究。主要包括四部分内容：一是研究黄河流域碳排放强度的时空演变及驱动因素；二是探究黄河流域碳排放效率的区域差异、收敛性及影响因素；三是在 2030 年碳强度目标约束下，研究黄河流域碳排放权省域分配及评估其碳减排潜力；四是博弈视角下的生态补偿机制构建。

（4）根据实证分析的结果，结合黄河流域低碳发展的情况以及存在的困境，提出相应的对策和建议。

二、研究方法

（一）文献研究法

本书通过搜集、梳理、归纳、总结黄河流域低碳发展、碳排放等方面的相关文献，明晰流域低碳发展相关概念与理论，掌握流域低碳发展领域最新的研究动态，进一步分析当前流域低碳发展领域的研究不足和创新点，选择并构建适合本书的研究方法及模型，为本书的进一步研究指明方向，最终形成严谨的研究思路。

（二）数据包络分析法

数据包络分析（Data Envelopment Analysis，DEA）方法对测算效率较为有效。由于 DEA 方法中的超效率 SBM 模型能够有效规避传统模型的局限性，解决以往 SBM 模型在测量效率过程中，多个决策单元在完全效率条件下不能进行区分比较和准确评估的问题，因此，本书采用该模型对黄河流域的碳排放效率进行测算。

（三）空间自相关分析法

空间自相关分析法被用于探索社会现象的空间分布规律，通过空间统计分析可进一步了解事物和现象的空间分布特征及空间依赖性，主要包括全局空间自相关和局部空间自相关两种。本书运用该方法对黄河流域碳排放强度和碳排放效率的总体空间关联性、地理分布特征、每个区域单元的集聚程度等进行分析。

（四）泰尔指数分析法

泰尔指数是由信息理论中的熵概念提炼而来，能够衡量某一变量的空间差异性，并将总体差异分解为组间差异和组内差异。本书使用泰尔指数对黄河流域各省份的碳排放强度和碳排放效率差异进行分析。

（五）收敛性分析方法

收敛性分析主要可以分成 σ 收敛、绝对 β 收敛、俱乐部收敛和随机性收敛四类。结合上述方法的特征差异和适用性范围，本书主要运用 σ 收敛和绝对 β 收敛检验黄河流域碳排放效率差异的敛散程度。

（六）整合移动平均自回归模型

整合移动平均自回归模型（Autoregressive Integrated Moving Average Model，ARIMA）是常用的按照时间序列分析数据的算法，它可以根据历史值对现在值和未来值进行预测。本书采用该方法对黄河流域未来几年的碳排放强度进行预测。

（七）地理探测器模型

地理探测器模型能够检验因变量的解释变量并揭示自变量在多大程度上影响了因变量，主要分为风险、因子、生态和交互作用 4 个探测器。本书运用该方法识别影响黄河流域碳排放强度的主要驱动因素，并探究各因素间的交互作用驱动力。

（八）空间计量分析方法

由于黄河流域碳排放效率可能具有空间自相关性，因此在影响因素的分析中需引入空间计量方法。空间杜宾模型是对空间滞后模型和空间误差模型的组合扩展模式，在计量模型设定中，同时纳入被解释变量和解释变量的空间效应。本书运用该模型分析黄河流域碳排放效率的主要影响因素。

三、技术路线

本书的技术路线见图 1-1。

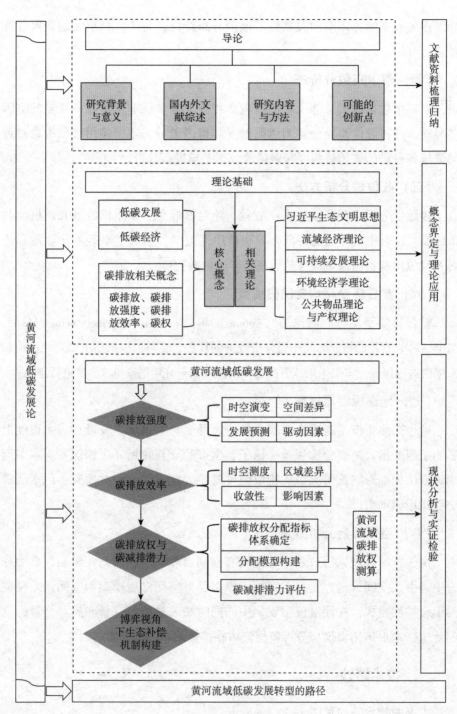

图1-1 技术路线

四、可能的创新之处

（一）选题新颖

低碳发展是目前的研究热点之一，学术界围绕低碳发展的现状、困境、水平测度、策略等方面的研究已取得一些成果，但从研究范围来看，已有文献多集中于国家等宏观层面和城市、企业、行业等微观层面，流域作为由河流串联而形成的自然—社会综合系统，在新时代高质量发展背景下，其地理单元的低碳发展已不容忽视，而现有关于流域等中观尺度的低碳发展研究却鲜见。黄河流域是我国重要的生态屏障、经济带，同时是我国最重要的煤炭资源富集区、原煤生产加工区和煤炭产品转换区，作为我国重要的能源基地，黄河流域在生态环境保护方面任务艰巨，绿色低碳发展已成为黄河流域的必要发展模式。本书以黄河流域为研究区域，在总结现有研究成果的基础上，从理论和实践两个维度探索其低碳发展道路，具有一定的创新性。

（二）观点和内容创新

在梳理已有文献的基础上，本书对低碳发展、低碳经济、碳排放、碳排放权等概念进行了阐释界定，并借助相关理论多视角探讨了黄河流域的低碳发展道路，提出了本书的观点。在研究内容中，本书分别测算了黄河流域的碳排放强度和碳排放效率及其影响因素，并从流域整体与省域两个层面综合分析了其时空演变、地区差异、收敛性和发展趋势等，较为全面地展示了黄河流域的低碳发展现状及面临的困境，为有针对性地促进黄河流域的绿色低碳发展做出了一定的贡献。此外，本书研究了黄河流域碳排放权的省域分配问题，与以往指标选取多倾向于各类经济指标不同，本书兼顾经济、社会和环境等维度的指标，创新性地构建了碳排放权分配指标体系，明晰了黄河流域的碳排放权配额盈余情况。

（三）研究方法多样化

本书运用多种方法对黄河流域的低碳发展情况进行了实证研究，并对黄河流域的碳排放量、碳排放强度和碳排放效率进行了计算和分析。在对影响因素的分析中，考虑到变量的空间性，分别运用了地理探测器模型和空间杜宾模型，识别了影响黄河流域碳排放强度和碳排放效率的主要因素。利用泰尔指数、收敛性分析方法研究黄河流域的低碳发展差异及其演变趋势，同时运用 ARIMA 模型预测了黄河流域未来几年的碳排放强度，得出了黄河流域绿色低碳发展的紧迫性以及实施产业结构、能源结构调整等措施的有效性的结论。多种研究方法的综合运用，使本书的研究更加充分。

第二章 基本概念与理论基础

第一节 基本概念

一、关于低碳发展的概念

(一) 低碳发展

低碳发展的本质在于保护生态环境,实现个体和社会福利效益最大化以及经济高质量发展,核心是优化能源利用和产业发展结构,挖掘并开发可再生新能源,以低能耗、低污染的发展方式为基础,推动能源技术创新及人类发展观念的根本性转变。随着世界工业经济的发展和人口的剧增,无节制的发展方式严重影响气候变化,人类曾经的高速式增长或膨胀的 GDP 发展方式也因为环境污染而大打折扣。为实现生态保护和社会经济协同发展,实现低碳转型,进而达到高质量发展这一目标,需要减少二氧化碳的排放总量,走低碳发展之路,低碳发展模式是人类社会继农业文明、工业文明之后的又一次重大进步。

为了达成经济社会发展和生态保护高质量发展这一目标,国内和国际上十分重视低碳发展并先后提出不同的术语,如生态经济、循环经济、绿色经济等词，诠释了低碳发展的必要性。工业迅猛发展导致环境污染和能源危机，美国经济学家肯尼斯·鲍尔丁于 1966 年在《一门科学——生态经济学》中对"生态经济"进行了解释，认为生态经济的核心内容是运用综合生态系统，将经济发展建立在生态环境承受力之上，着力点是协调发展。"循环经济"术语在 1990 年首次被英国环境经济学家伯斯和特纳在《自然资源和环境经济学》一书中提出并使用，核心是倡导建立资源高效和循环利用体系，减少资源消耗和提高环境效率，解决末端治理的同时实现将资源消耗型经济增长方式转变为依靠资源高效和循环利用增长方式，着力点是循环利用。"绿色经济"源自 1989 年英国环境经济学家皮尔斯的《绿色经济的蓝图——获得全球环境价值》一书，联合国环境规划署将其定义为减少环境生态风险，彰显社会公平和增进人类福祉的经济。绿色经济是以效率、可持续发展为目标，以生态农业、循环工业和可持续服务业为内容的经济增长方式和社会形态。与上述词汇相比，低碳发展的内涵更加广阔，强调通过人与自然环境的和谐共处，发展经济、改善环境，从而提高生活质量（季铸，2020）。

面对复杂的气候变化和脆弱多变的生态环境带来的巨大挑战，低碳发展方式成为热点话题。此后大量文件号召全球向低碳经济转型发展。例如，2009 年 6 月，中国社会科学院发布的《城市蓝皮书：中国城市发展报告（No.2）》指出，在全球气候变化的大背景下，发展低碳经济正在成为各级部门决策者的共识。国家发展改革委和国家能源局 2022 年发布的《关于完善能源绿色低碳转型体制机制和政策措施的意见》中提出，在《中共中央 国务院关于完整准确全面贯彻新发展理念做好碳达峰碳中和工作的意见》和《2030 年前碳达峰行动方案》文件的基础上，将建立能源绿色低碳发展的制度框架，完善低碳高效的能源体系，促进能源高质量发展和经济社会发展全面绿色转型（董仕萍，2022）。

（二）低碳经济

低碳经济可追溯至 1987 年，其首次以文字概念出现在 2003 年英国能源白皮书——《我们能源的未来：创建低碳经济》中。低碳经济涵盖于可持续发展（Sustainable Development）的概念中，通过技术创新或新能源的开发，减少煤和石油等高碳化石能源和温室气体排放，从而实现经济发展的同时保护生态环境。欧盟、日本、美国等国家（地区）通过多种途径展开低碳经济建设行动。《中国环境与发展国际合作委员会专题政策研究报告：碳达峰、碳中和政策措施与实施路径》指出，低碳经济是一种在后工业化社会出现的经济形态，旨在将温室气体排放降低到一定的水平，以防止气候变暖并最终保障可持续的全球人居环境（中国环境与发展国际合作委员会，2007；潘家华，2010）。低碳经济的概念在实际生活中则显得更为复杂，发展中国家针对碳减排这一目标主张把碳强度的减排目标作为本国的约束指标，这样既能推动经济增长又能完成减排目标，因此，这一阶段的低碳经济就被定义为碳排放量增长速度小于经济增长速度的经济发展状态（潘家华，2010）。

近年来，低碳经济的内涵被更深入地挖掘，有人认为低碳经济是以低能耗、低污染、低排放和高效能、高效率、高效益为基础的绿色经济发展模式（黄启新，2022），以低碳发展为发展方向、以节能减排为发展方式、以碳中和技术为发展方法的绿色经济发展模式。低碳经济表现为低排放、低能耗、低污染和高效率，实质上是一种新的经济发展方式，一种新的经济增长形态，发展低碳经济是我国经济转型升级的根本途径。通过低碳科技创新、低碳制度创新、产业转型、新能源开发和利用等手段，减少钢铁、煤炭等传统高耗能行业的产量，提高能源利用率，控制二氧化碳排放，从而达到从高耗能向低耗能转变的经济发展模式。就环境问题而言，低碳经济就是经济增长与减少环境污染协同增长的过程，主要是消除经济增长过程中的环境负外部性（许进杰，2008）。环境负外部性可以通过市场或行政手段进行规避和消除，这也是使外部成本内部化的过程。政府一方面可以通过法律等直接管制手段来控制污染排放；另一方面可以通过征收税费等举措来提高排污者的消费和生产成本，或发放补贴鼓励消费者和生产者使用清洁能源、改进技术，从而实现低碳经济发展。基于科斯定理中的环境权转让理论，可以利用市场化的手段，通过碳排放权交易，用碳价调控污染排放，让市场实现环境资源的最优化配置，从而达到外部费用和效益的内部化（庇古，2017；马歇尔，2019）。

　　低碳经济除了涉及经济、技术板块外，还涵盖低碳能源、低碳生活、低碳产业等方面，这意味着制定国家政策与健全低碳发展制度不能一概而论。首先，低碳经济是相对于高碳经济而言的，因此如何提高能源的利用率、优化高新技术并开发清洁能源从而减少碳排放量是关键。其次，发展低碳经济需要能源流的进口、转化和出口3个环节的互相配合。其中，进口环节以清洁能源替代传统化石能源；转化环节则依靠能源互联网提高能源的使用效率；出口环节本质上主要采用碳封存、碳捕捉、碳蓄积等技术来提高清洁能源结构的比重以及利用效率的问题。最后，低碳经济是倡导低能耗、低污染、低排放的经济模式，它的产生源于全球气候变化和二氧化碳减排。目前，"低碳经济"的具体定义并未形成统一，不过，广大学者对于实行低碳经济的政策都持肯定态度，认为低碳经济是人类社会经济发展的产物，是应对能源短缺、环境污染和气候变暖的唯一途径。当然，低碳经济不是贫困，不是遏制发展，而是优化经济发展方式，实现低投入、高产出。碳排放的高低主要取决于能源结构及其利用的方式，所以通过技术变革、制度转型、产业调整、开发新能源等方式来提高能源利用效率是实现低碳经济的必由之路。

　　低碳经济具有以下几个方面的特征。第一，具有创新性。低碳经济强调效率问题，以最小投入和成本换取最大产出与效益，这将带来经济社会的技术革新并引发技术的再创新，区别于传统经济以高投入、高能耗、高污染为代价，以经济增长为第一要务，并不太关注环境污染等问题。第二，具有全局性。低碳经济并不是简单的经济发展概念，而是包括社会、经济、生态、环境等社会发展的各方面，表现为在社会生产过程中，在保障经济发展的同时，将对生态系统的危害降到最低，实现生态系统与经济发展的协调发展。第三，具有全球性。低碳经济并不是在一个国家范围内进行的，而是全球各个国家互相合作共同实现的。但由于不同国家的经济发展程度和国情不同，更需要国际社会相互协作制定能被不同国家接受的低碳政策，在全球范围实现减少温室气体排放的目标。近年来，国际社会围绕着气候问题展开了卓有成效的谈判并形成了一系列的全球约束框架，如《京都议定书》等。

二、关于碳排放的相关概念

（一）碳排放

碳元素是地球上构成生命必不可少的元素之一，也是人体内的必需元素，"低碳"中的"碳"，是低碳发展的研究对象。广义上来说指的是《京都议定书》中所提及的 6 种温室气体，包括二氧化碳（CO_2）、甲烷（CH_4）、氧化亚氮（N_2O）、氢氟碳化物（HFCS）、全氟化碳（PFCS）、六氟化硫（SF_6）。本书中所提及的"碳"主要取其狭义含义，指化石能源燃烧产生的二氧化碳。二氧化碳的排放量约占温室气体排放总量的 60%，由于其"惰性"特征，无法使用化学方法将其减少并消除，因此，减少二氧化碳排放量是应对气候变暖的核心途径。

碳排放水平又称碳排放，碳排放是二氧化碳和其他温室气体排放的总称，人类所进行的各种活动都有可能造成不同程度的碳排放。碳排放总量，是指针对一定的目标群体，在一定时间范围内排放出的二氧化碳的总数量，包括工业生产过程中化石能源消耗、基础设施工程建设、人们日常生活等活动中所产生的排放。作为总量指标，碳排放总量从数量层面给出了衡量"碳输出"的评价标准。由于增温贡献率最高的为二氧化碳，本书只关注二氧化碳的排放情况，不考虑其他温室气体。各温室气体及其增温贡献率如表 2-1 所示。

表 2-1　各温室气体及其增温贡献率　　　　　　　　　　单位:%

温室气体	二氧化碳	甲烷	氧化亚氮	氢氟碳化物
增温贡献率	55	15	6	24

数据来源:《联合国气候变化框架公约》。

根据再生性分为可再生碳排放和不可再生碳排放两种。可再生碳排放包括保证地球表面存在的生命体运转的碳循环以及消耗可再生能源所产生的碳排放。不可再生碳排放主要指的是化石能源碳排放，化石能源是经过几亿年的沉积才形成的，具有不可再生性。可见，后者的碳排放对人类生存环境以及发展有更大的危害性。

（二）碳排放效率

了解效率的定义，是明确碳排放效率概念的基础。"效率"一词起源于拉丁文，表示有效的因素，最初应用于物理学领域，具体含义是一种机械在使用过程后所产生的输入能量与输出能量之比。后来，效率被引入数学、管理学、经济学等学科中。在管理学领域，效率大意指少投入多产出，主要有生产效率和配置效率两类。在经济学中，效率一般指资源的节约或者提高到现有资源的利用程度。效率的重要性在西方古典经济学理论体系中就已得到认同，古典经济学倡导的自由主义思想可视为效率思想的源头。劳动生产率和资本生产率在经济生活中的重要性，得到了西方古典经济学家的重点关注。亚当·斯密在《国富论》中阐明了劳动分工促进生产效率提高的过程与机理。法国经济学家让-巴蒂斯特·萨伊（Jean-Baptiste Say）继承并延续这一观点，提出了著名的"市场法则"（或称萨伊定律），提出基本理论需要是由供给创造的。

碳排放效率，是指在社会生活中通过碳排放所带来的收益，本质是通过增加大气中碳元素的容量带来的经济效益和社会效益，其作为一种能源利用效率，受能源消费量、技术因素、经济发展水平等众多因素影响。根据在生产经营活动中投入和产出要素数量的多少，主要分为单要素碳排放效率和全要素碳排放效率。

单要素碳排放效率，是指单一投入要素与单一产出要素的比值，最初用碳生产率、碳指数、碳排放强度等来表示。其中，碳生产率是从碳排放与GDP视角进行衡量，表示消耗单位二氧化碳所消耗的单位产值，碳指数的单位通常选用万吨标准煤，是指能源消耗的碳排放量的比重。前者的优点是便于计算，通俗易懂，但不能客观真实地反映一个地区的碳排放效率，不能客观地反映其他指标对碳排放效率的影响，因此，可以将多种投入、产出要素包含在内。为了弥补这个缺陷，学者们提出了全要素碳排放效率。全要素碳排放效率是从多投入、多产出的视角出发，根据多投入、多产出来衡量其技术效率的一个概念，能处理多投入、多产出，结果稳定性较好，具有广泛的适用性。因此，全要素碳排放效率在地理学、管理学、物理学层面上，其实质在于在减少碳排放量的基础上实现经济效益的最大化，从而更具有科学性。因此，本书选用在全要素视角下测度黄河流域碳排放效率，选择相应的多投入、多产出因素，以便更准确地了解黄河流域碳排放状况。综上所述，无论是单要素还是全要素的碳排放效率，两者都既考虑到了生态领域中的碳元素，又考虑到了具有人类社会表征的货币经济，是衡量碳元素输出的"混合型"指标。

（三）碳排放强度

"强度"起源于物理学，是指作用力以及某个量的强弱程度，在判断"材料在复杂应力状态下是否被破坏"中有较多应用。碳排放强度指的是单位经济产出所消耗的碳排放量，其中经济产出一般运用国家或地区国内生产总值，即 GDP 来表示，具体包括单位 GDP 的碳排放量或者人均单位 GDP 碳排放量等（Shrestha and Timilsina，1996；张友国，2010；潘晨，2022）。该指标反映了区域的能源利用效率，数值越小表示该区域能源利用效率越高，有利于鼓励各国通过技术手段提高能源效率，促进低碳产业发展以及清洁能源开发等。目前，国际社会以及我国政策都倾向于把碳排放强度作为减排标准。碳排放强度包含了经济增长与碳排放量，符合降低碳排放的同时保障经济发展这一理念。同时，碳排放强度可以有效反映出一个国家或地区经济发展、技术进步以及能源利用效率等方面的情况，是衡量环境质量的重要指标。如果碳排放强度较高则意味着能源利用效率低下，从经济层面则表示国家的经济效率水平较低，意味着创造同等数量的财富需要消耗更多的能源和其他投入。碳排放强度侧重考虑产出指标，分析获得经济产出的碳排放量，通常以单位生产总值的碳排放量来表示。

碳排放强度体现了污染物和经济增长的相互关系，是经济可持续发展的重要评价指标（肖皓等，2014）。碳强度收敛理论可以追溯到新古典增长理论中的收敛概念，随着经济增长与环境污染之间倒"U"形关系的发现，早期对地区碳排放强度变化趋势的检验中也发现存在收敛性。随着国外相关研究的深入，更多研究成果发现国家间、区域内的碳排放强度存在 σ 收敛、绝对 β 收敛、随机收敛及分布动态等特征。由于我国目前尚无权威官方机构直接发布二氧化碳排放量数据，故而开展碳排放强度研究，需要先核定计算二氧化碳排放量。现有关于碳排放强度的文献强调降碳与减排，但是降碳并不等于除碳，根据"波特效应"的中国实践，不能一味降低碳排放强度，而是要追求"度"的动态演化过程，在此过程中寻求多维平衡和动态调节（李勃昕等，2022）。

（四）碳排放权

排放权的概念来源于排污权思想，二者有相似之处，但也存在差异。排污权，是指排放者在环境保护监督管理部门分配的额度内，并在确保该权利的行使不会损害其他公众环境权益的前提下，依法享有的向环境排放污染物的权利（包玉华、陈姝蓉，2006）。1968年，戴尔斯（J. H. Dales）率先提出排污权交易的思想，即当污染物排放总量既定，排污权成为一种稀缺资源，且允许这种权利像商品一样在排污者之间自由交易。20世纪90年代排污权交易引入国内，并于1994年在包头、太原、贵阳、柳州、平顶山、开远6个城市开展排污权交易试点。

作为排污权的衍生物，排放权与排污权具有相关性。一些文献将二者等同起来，但更多的是将"排放权"特指为二氧化碳的排放权利，而"排污权"一般用于探讨二氧化硫等污染物的排放。排放权进入公众视野是在1992年达成《联合国气候变化框架公约》前后，随着有关全球气候变暖的讨论逐渐增多以及1997年《京都议定书》的签署逐渐受到世人关注。从化学属性上看，不同于二氧化硫等大气污染物和化学需氧量等水体污染物，以二氧化碳为主的温室气体一般不具有环境危害性，仅会导致气候变暖，不应归类于"污染物"。但从节能减排角度讲，根据中国"十二五"规划纲要提出的目标，降低二氧化碳排放是与节能目标放在一起的，减少二氧化碳排放实际上是实现节能目标的副产品，因此，又有必要将二氧化碳纳入污染物排放控制的范畴。正是节能减排和可持续发展愿景将排污权与碳排放权紧密联系在一起。

排放权与排污权也有区别。（1）从污染物排放与GDP随时间变化的关系上看，存在3种情况：一是污染物排放随着GDP的增加而减少，二是污染物排放随着 GDP 的增加而增加，三是污染物排放随着 GDP 的增加先增后减。第一种情况是理想状况，但经济学家关注的主要是后两种。以二氧化碳为主体的温室气体排放属于第二种，其排放量的增加只会引起气候变暖，并不会导致空气质量恶化。随着社会经济的发展，人们对物资和能源的需求也会增加，碳排放量也将不断攀升。而二氧化硫等污染物排放则属于第三种情况，其产生的酸雨等环境损害是"劣质"污染，将随着社会发展逐渐被"正常"污染（如质量更好的空气）替代。（2）出于环境保护的需要，"污染减排"将会越来越严格，导致"排污权"日益稀缺，而"碳减排"只需将大气中温室气体的浓度稳定在适当的水平即可，尽管"碳排放权"也会因总量控制变成稀缺商品，但稀缺程度却不会像"排污权"那样严重。（3）从交易的管理角度看，与二氧化硫等污染物不同，温室气体排放到大气中后均匀混合，因此排放权交易项目的范围可以扩大到管理者认为合适的范围，而没必要为预防"热点"问题限制交易。

第二节　理论基础

本书通过分析流域资源、经济发展、生态环境、技术创新等领域的相关理论或方法与低碳发展的关系，认为习近平生态文明思想奠定了低碳发展的基础，流域经济理论将流域与低碳发展紧密结合，可持续发展理论体现了低碳发展的理念和导向，环境经济学理论揭示了碳排放与经济、人口的关系与规律，公共物品理论与产权理论奠定了黄河流域碳排放权市场的理论基础。

一、习近平生态文明思想

党的十八大以来，党中央持续贯彻新发展理念，坚定不移走生态优先、绿色低碳发展道路。将生态文明建设纳入中国特色社会主义事业总体布局，从而形成将"四位一体"上升至"五位一体"的新发展思维。习近平生态文明思想是习近平新时代中国特色社会主义思想的重要组成部分，也是新时代生态文明建设的根本遵循和行动指南。领会习近平生态文明思想的核心要义，就要科学把握"宁要绿水青山，不要金山银山""既要绿水青山，也要金山银山""绿水青山就是金山银山"的理念，简称"两山"理论。

2005 年习近平总书记在浙江安吉余村首次提出"绿水青山就是金山银山"的科学论断（孙侃，2017；杜艳春等，2018）。此后，基于实践经验和国家环境管理的要求，习近平总书记于 2013 年提出了"两山"理论，其与科学发展观是一脉相承的理论体系，其本质与目标是生态环境与社会经济的协调发展。对应于"两山"理论的经济发展应加大对生态资源要素的挖掘力度，生产方式上强调对生态环境要素的非消耗性利用，要素性质上强调生态环境公共产品属性的回归，经济价值上强调生态环境非货币化价值的显性化等特征（王勇，2019）。"两山"理论不仅体现党建设生态文明的意志基石，也是21 世纪的自然辩证法的体现。第一个阶段是用绿水青山去换金山银山，对环境资源的承载力不考虑或者鲜有考虑。对应方法是宁可牺牲当下粗放发展方式也要保护生态环境，强调了环境优先、永续发展优先的根本思想。第二个阶段是既要金山银山，也要保住绿水青山，是边发展边保护思想的重要体现，强调在发展中保护，在保护中发展。第三个阶段是认识到绿水青山可以源源不断地带来金山银山，绿色既是理念又是举措，以空间换时间。借助"互联网+""生态+"不断发展新业态，持续促进数字经济与低碳经济发展的深度融合，从而助推低碳经济发展的技术革新。整体来看，这 3 个阶段是经济增长方式转变的过程，是发展观念不断进步的过程，也是人和自然关系不断调整、趋向和谐的过程（黄承梁，2020）。"两山"理论所蕴含的新发展理念既不同于单纯保护生态环境下的发展，也不同于不计生态代价、粗放式的经济发展，它将资源资产、资本、财富有机统一，通过有效转换实现资源资产变资本、资本变财富，强调通过资源资产到资本再到财富。保护生态环境实际上就是发展经济，黄河流域既是自然财富、生态财富，又是社会财富、经济财富。绿色低碳发展的核心是经济发展与低碳方式协同发展，实现资源转化、价值确认，达到资源的保值增值，从而实现生态环境保护和高质量发展目标。

党的十八届五中全会提出新发展理念，将创新、协调、绿色、开放、共享作为新发展理念的主要内涵，它是系统性、综合性的理论体系。创新是引领发展的第一动力，协调是持续健康发展的内在要求，绿色是永续发展的必要条件和人民对美好生活追求的重要体现，开放是国家繁荣发展的必由之路，共享是中国特色社会主义的本质要求，坚持创新发展、协调发展、绿色发展、开放发展、共享发展协同发力、形成合力，这是一次变革，也是低碳发展的理论和实践基础。经济发展不是单一粗放的发展，而是贯穿新发展理念并在经济发展新常态的背景下，保持经济可持续增长、有效率增长以及有潜力增长，最终实现经济高质量发展。具体表现为，在尽量地减少对高碳能源依赖的同时尽可能地减少温室气体排放，达到经济社会发展和生态环境保护共同发展的状态，而低碳能源系统、低碳技术和低碳产业体系等是低碳发展的主要方向。低碳经济发展是新发展理念的重要组成部分，低碳经济发展就是要处理碳排放总量与经济社会稳定发展之间的关系。低碳经济发展根植于新发展理念，发展低碳经济的根本遵循在于新发展理念（杨博文，2021）。完整、准确、全面贯彻新发展理念，既要以新发展理念指导引领低碳发展，又要通过低碳发展为完整、准确、全面贯彻新发展理念提供重要保障。

贯彻新发展理念、构建新发展格局，要以生态环境问题为导向，不仅研究整个过程的特殊矛盾性问题，还要坚持系统观念，统筹国内国际两个大局，形成“五位一体”总体布局和“四个全面”战略布局。具体来讲，不仅集中力量着眼于国内低碳发展技术和路径，还要积极参与全球治理、学习新技术，为国内低碳发展创造良好环境。将新发展理念作为低碳发展的指导理念，就要落实以人民为中心的发展思想，坚持发展为了人民、发展依靠人民、发展成果由人民共享，做出更有效的制度安排，使全体人民在共建共享发展中有更多获得感。从低碳发展依靠人民到最终为了人民，进而增加整个社会效用，增进人民福祉。

二、流域经济理论

流域是一种开放型的耗散结构系统，其基础是自然河流水系，是自然范围内和跨行政区域范围内经济的结合体。流域经济是内部子系统间协同配合，同时系统内外进行大量人、财、物的信息交换的特殊区域经济复合系统。因此，流域经济既具有区域经济的一般属性，又具有水资源的专门属性，不同于行政区规划下的区域经济。流域经济是整体性极强、关联度很高的区域经济。不仅流域内各种自然要素之间联系极为密切，而且上、中、下游，干支流，各区段间的相互制约、相互影响也很显著。已有研究认为其特殊性在于流域经济必须围绕水资源利用，通过整合优化沿线资源形成具有分工协作的经济带，发展目标是经济系统各要素协调、可持续的稳定发展。

流域经济理论体系众多，特征内涵丰富，是一个有生命力的、愈加高级的耗散型结构经济系统。首先，流域经济是整体性极强、关联度很高的区域经济。各要素之间关系密切，上、中、下游，干流与分支流相互制约、互相影响。其次，由于各流域经济技术基础和历史背景等方面均有较大不同，表现出流域经济的区段性、差异性和复杂性。由于流域由多级干支流组成，表现为层次性和网络性，这也要求流域开发时具有先后次序和层次。最后，开放性和耗散性表现为流域内部和外部分工协作，通过发挥内部对外的"窗口"作用，不断吸引外部的资本、技术、人才和先进管理经验，从而发展外向型经济。因此，流域开发治理是全国社会经济发展总体战略的组成部分，在流域开发和治理上要符合总体要求与宏观布局，同时协调流域内部、流域与流域、流域与国家之间的关系。关于低碳发展，大部分学者将其界定为区别于高速增长的新发展模式，其内在特征是降低碳排放与经济发展的有机结合，对经济和社会的可持续发展意义重大。低碳发展的根本目的在于应对气候变化并减少温室气体排放，推进低碳发展有利于优化能源结构，促进产业转型升级，培养可持续竞争力，进而实现保护环境的目标，在树立负责任的大国形象的同时顺应国际潮流。

基于高质量发展的研究范式，流域经济高质量发展的目标在于解决流域内不充分不平衡的发展问题。而实现流域高质量发展，必须将绿色低碳作为重要发展指标，坚持减污降碳的同时增加生态碳汇，推进产业生态化建设，提升资源和能源产出效率，调整能源供给结构，不断丰富高质量发展内涵，从而带动流域低碳发展。这表明不仅要在传统可持续发展的基础上进一步挖掘流域整体潜能，还要在资源要素分配差异下协调解决流域上下游发展不均衡的矛盾冲突。因此，流域经济低碳发展理论内涵的核心在于处理四大关系：一是保护与发展，坚持保护生态就是发展生产力。这要求流域发展必须在保护中发展，增加碳汇、提升水质、保护生物多样性，在经济社会发展中体现生态价值。另外要注重在发展中保护，积极推动产业生态化发展，让经济社会系统与自然生态系统协调运行。二是全域和局部，推进绿色协调可持续发展。推进黄河流域绿色低碳发展是一项复杂的系统工程，关键是要正确把握整体推进和重点突破的关系，将流域发展融入国家发展大局。打破分散竞争模式，将流域整体发展从"分散内耗"转向"协同增益"，探索流域共享与开放发展的新经济模式。三是长远和短期，履行国内国际责任。低碳发展是在充分尊重客观规律的基础上，平衡好长远利益和短期利益。一方面，取缔高排放、高污染项目，建立动态激励机制；另一方面，将黄河流域绿色低碳发展与"双碳"目标时间表结合，确定低碳发展的"路线图"，绘好工作推进的"时间表"，写好分阶段实现的"任务书"。四是质量和效率，抢抓发展机遇。加快生态环境修复、建立碳交易市场，加快转方式调结构，抓住绿色低碳转型的新发展机遇，始终将人民福祉、生态保护、长远发展作为考量标准。同时，处理流域经济低碳发展的四大关系必须依靠新发展理念的指导，借助创新和绿色发展扩大流域长期可持续发展的生产边界，借助协调发展提升流域整体发展的均衡性，借助共享和开放发展最大化提升流域整体的福利效应。

三、可持续发展理论

可持续发展是低碳发展的理论和导向，解释了"自然—社会—经济"复杂巨系统的运行机理，核心在于处理人与自然和人与人之间的关系。可持续发展理论于20世纪80年代产生，1980年，《世界自然资源保护大纲》中首次对可持续发展的概念进行界定，中国学者也对可持续发展理论进行了深入的研究，人类对这一理论的认识经历了从"增长理论"到"发展理论"再到

"可持续发展理论"的过程。对于可持续发展理论中经济、社会、环境三者之间的关系，学者有强可持续发展和弱可持续发展的区分与争论（诸大建，2019）。可持续发展的理论内涵可以被"动力元素""质量元素"以及"公平元素"3个有机统一的本质元素度量（牛文元，2014）。而洪晓玲（2018）从空间角度理解该理论，认为某区域的可持续发展会受到其他地区多方面影响。张卓群、张涛等（2022）从空间角度出发并采用分层法研究碳排放强度的区域差异及收敛性，促进了全国及各区域减排和降碳工作的协调推进。

本书在可持续发展理论的基础上，重点深入推进其在低碳经济发展方向的研究。可持续发展理念在我国得到广泛的认同。可持续发展观是科学发展观的核心内容，我国人均资源相对不足，生态环境基础薄弱，选择并实施可持续发展战略是中华民族彻底摆脱贫困、创建高度文明的选择。结合《可持续发展蓝皮书：中国可持续发展评价报告（2021）》，本书认为应从3个方面推动可持续发展：第一，在新发展阶段，以"共同富裕"为目标，将巩固脱贫攻坚成果作为推动区域平衡发展的推手，统筹城乡区域间协同发展，从而实现全面、协调、平衡的可持续发展。第二，坚持高质量发展，用科技创新引领产业转型。紧跟科技革命和产业变革方向，使用高新技术推动产业转型，结合数字经济赋能低碳发展，促使发展方式由传统资源驱动型向创新驱动型转变。第三，基于要素资源禀赋不同，推进生态文明建设，协调区域不均问题；以"双碳"目标为导向，贯彻新发展理念，推动社会经济实现以可持续发展为导向的系统性变革。

可持续发展的基本思想包括4个方面：第一，强调经济发展质量。可持续发展理论强调的经济增长不仅应重视经济增量，还应重视经济增长的质，强调经济增长的效率内涵，要求必须重新审视经济增长方式的调整与优化。第二，强调生态环境与资源的可持续使用。可持续发展注重人与自然之间的和谐发展，强调经济发展要以自然资源和环境承受能力为基础。第三，强调人类社会的全面发展。可持续发展的主旨在于不断满足人类的生存需求、发展需求以及全面发展需求。第四，依托可持续发展，加强国际交流与合作。在国际上积极倡导生态文明、绿色低碳发展等理念，总结和推广地方可持续发展成功案例，积极扮演全球治理的重要参与者、贡献者和引领者角色，为全球可持续发展提供切实可行的中国方案。气候变化引起的低碳问题涵盖了可持续发展的各要素层面。对可持续发展和减少碳排放量问题的研究源于人们对于温室气体的大量排放而引发气候问题的关注。气候问题是关系人类生存和发展的重大问题，温室气体的大量排放导致全球气候变暖、海平面上升，恶化人类生存的环境，不利于社会的可持续发展。但是，可持续发展不是抑制发展以实现降低碳排放量的目的，而是实现发展、能源以及环境的协调发展。因此，在保证经济持续增长的同时降低碳排放强度，减少能源消耗量及二氧化碳排放量并提高碳排放效率，是实现可持续发展道路的要求。

四、环境经济学理论

随着经济规模的不断扩大，人类资源攫取的力度逐步加大，环境问题逐渐进入公众的视野。人类对环境与经济问题的深入探讨，形成了新兴学科——环境经济学。环境经济学属于环境领域与经济领域的交叉学科，旨在寻求环境与经济协调发展的路径，多利用现代经济分析工具进行研究。环境经济学的主要内容包括稀缺性经济资源的度量、环境污染外部性、经济效率、价值评估以及费用效益分析等。其中，稀缺性经济资源的度量问题是研究如何通过稀缺性资源产品定价机制、开发成本或费用以及租金等机制来评估稀缺性资源的经济价值（Gordon，1954）。环境污染的外部不经济会导致市场机制失灵，无法实现经济系统帕累托最优，学者们提出依靠明确产权、污染税征收等方式来解决此问题（Kapp，1950；Coase，1960）。采用这些方式，使环境污染的外部不经济"内部化"。另外，对环境资产的正确评估，有利于准确估算经济活动所需的成本以及产生的收益等，并纳入最后的决策中，判断经济活动的开展价值。从以上分析可以看出环境经济学的研究内容在于探讨如何解决环境与发展的协调问题，其中，碳排放作为主要的温室气体排放及其不可处理性，是环境经济学关注的主要内容之一，学科中提供的经济分析工具都为研究黄河流域碳排放等问题提供了技术支持。

自然环境的变化，人类对经济和环境协同性发展的认知以及社会环保意识的提高等因素都直接或间接地影响了环境经济学的产生和发展。首先，环境经济学是在人类社会对解决人口、粮食、资源、能源和环境五大生存危机有着强烈需求的背景下产生的学科，成为解释环境经济系统的运作方式，进而指导人类社会进行环境保护的重要依据。其次，由于环境经济学中包含了环境科学、经济学、人口学等多种学科的理论，其独到的视角能够为基础学科的发展、公共政策的制定做出贡献。

环境经济学所覆盖的范围包括：环境经济学的基本理论，经济学在环境污染与保护分析中的理论与方法，环保中的资源配置问题，费用与效益的平衡，环保在宏观经济学体系下的研究，环境价值的理论与评价方法，国际在环境保护问题上的协同发展，节能减排政策的制定等。近年来，环境经济学在发展中国家得到了广泛的发展，研究的问题和领域也愈加广泛和深入，当下环境经济学致力于研究和回答的问题主要包括以下几个方面：首先，针对经济、社会与环境之间的作用机制进行研究，为进一步促进社会健康可持续发展提供理论与方法；在"经济—环境—社会"的大框架中进行模拟分析和影响评估，研究环境变化给社会经济发展带来的影响并进行评估。其次，深化和延伸环境价值评估理论，研究和评估环境与资源变动对人群、经济和社会的影响和重要性，针对环境变动给人类社会在发展方式、社会福利和战略统筹上带来的影响进行相应的评估，同时将其纳入各类社会环境评价体系中。此外，借助价值分析方法对国民经济核算体系（如绿色全要素生产率）以及企业的绿色核算（绿色会计）等进行修正和完善。最后，进一步对环境资源配置相关问题进行深入研究，通过对市场调控政策的分析，评估环境政策和管理制度的有效性，确保政策在低成本、高效率和公平的情况下制定和实施。

五、公共物品理论与产权理论

（一）公共物品理论

美国经济学家萨缪尔森早在 1954 年就明确提出了公共物品理论，指出非竞争性和非排他性是定义公共物品的两个标准。所谓竞争性，是指某经济体对某产品或服务的消费影响到其他经济体对该产品或服务的消费能力。而排他性，则是指完全阻止某经济体对某产品或服务消费的能力。财产权利的分配可将公共物品变成私人物品。公共物品的类型见表 2-2。

表 2-2 公共物品的类型

标准	排他性	非排他性
竞争性	纯私人物品	公共池塘资源物品
	个人消费品	拥挤的不收费道路
非竞争性	俱乐部物品	纯公共物品
	不拥挤的收费道路	空气

环境是公共物品的典型例子之一。公共物品理论认为环境污染由环境产权不明晰所致，其直接后果是带来所谓的"公地的悲剧"。对碳排放权进行清晰界定是保护环境、提高环境资源利用率的重要前提。

（二）产权理论

产权理论产生于对外部性问题的解决。1960 年罗纳德·H. 科斯（Ronald H. Coase）在《社会成本问题》中提出了产权理论，认为产生外部性的根源是产权不明晰。"科斯第一定理"指出，在交易费用为零的假设下，资源配置的效率与产权初始分配无关。"科斯第二定理"则放宽了"交易费用为零"的假设，认为在交易费用大于零的情况下，不同的产权制度将产生不同的资源配置效率。为了优化资源配置，有必要以市场以外的方式对产权进行初始分配和调整分配。"科斯第三定理"进一步强调，制度本身是有成本的，合理、清晰的产权界定有助于降低交易成本，产权制度安排应当从成本收益的关系角度进行权衡。

关于环境物品的配置引发了对环境产权（Environmental Property Rights）概念的讨论。环境产权，是指行为主体对某一环境资源拥有的所有、使用、占有、处置以及收益等权利的总称。这里的环境资源既包括自然要素（如大气、海洋、森林等）和人工要素（如人文遗迹、风景名胜等），也包括有形资源和无形服务。从产权主体看，自然环境资源是典型的"公共物品"，其产权属于全体公民，并由政府作为代理人履行管理、利用和分配环境资源的权利。相对地，人工环境要素则只能算是"准公共物品"，其产权主体既可以是全体公民，也可以是某个社会经济实体或公共机构。长期以来，环境资源可无限供给的观念根深蒂固，直到环境问题出现，才促使人们重新认识环境资源的稀缺性和价值。市场交易机制在环境资源合理定价中发挥着重要作用。当环境资源有了"价格"，经济活动参与主体便会考虑减少环境资源消费以降低成本，如减少污染物排放或提高资源利用效率。同时，环境产权拥有主体也会试图增加环境资源供给以获得收益，如开展植树造林等碳汇活动。

排放权交易就是明晰环境容量产权、优化资源配置的制度变迁过程。在初始产权配置之后，市场机制产生了排放权价格，排放主体根据污染治理成本与排放权购买价格的高低，决定是减少污染排放，还是增加消费但支付排放权购买成本。由于不同的排放主体在减排成本上存在较大差异，从而在环境容量资源产权上有的富余而有的不足，产生了市场交易的需要和动力。为了追逐利润，相关参与者还会通过治污技术创新、提高要素利用效率等方式，获得更多的排放权利，只要这么做是划算的。因此，排放权交易在有效减排的同时也改善了环境质量。

第三节　低碳发展与低碳经济的关系

低碳发展是黄河流域高质量发展的重要内容，也是实现全国"双碳"目标的重要保障。黄河流域作为我国重要的"能源流域"和工业发展基地，其绿色低碳发展紧密关系到我国"双碳"目标的实现。低碳发展是一个多视角的概念，是一种以低耗能、低污染、低排放为特征的可持续发展模式，对经济和社会的可持续发展具有重要意义。"低碳"与"发展"的有机结合，一方面要降低二氧化碳排放；另一方面要实现经济社会发展。推进低碳发展有利于优化能源结构和保护环境并促进产业结构转型升级。

低碳经济是在应对气候变化这一背景下提出的实现人类可持续发展的重

要道路，是以低能耗、低污染、低排放为基础的经济发展模式，是一项涉及能源、环境和经济的系统工程，其实质是能源利用高效率和清洁能源结构问题。低碳经济是在可持续发展理念指导下，通过技术创新、制度创新、产业转型、新能源开发等多种手段，尽可能地减少煤炭、石油等高碳能源消耗，减少温室气体排放，达到经济社会发展与生态环境保护双赢的一种经济发展形态。低碳经济是经济增长与减少环境污染协同增长的过程（邬彩霞，2021）。本书从能源流和资源流两个方面明确低碳发展的实质，通过构建低碳发展与经济社会发展的协同度模型和评估指标体系及实证分析，证明低碳、经济、社会三者的协同过程。

低碳发展包含低碳经济及其他种类，而低碳经济是低碳发展的重要构成部分，两者相辅相成。低碳发展和低碳经济在本质和核心目标方面是一致的，通过降低碳排放量，创新并优化高新技术等手段，促进低碳经济发展，从而助推生态环境和经济的协调可持续发展。因此，本书对"低碳发展""低碳经济""低碳经济发展"在本质上不做特别区分。

党的十八大以来，在新发展理念指引下，我国坚定不移走生态优先、绿色低碳发展道路，着力推动经济社会发展全面绿色转型，建立健全绿色低碳循环发展经济体系，持续推动产业结构和能源结构调整，启动全国碳市场交易，宣布不再新建境外煤电项目，加快构建"双碳"政策体系。

第三章　黄河流域低碳发展的现状与困境

　　碳达峰、碳中和目标是我国向世界做出的庄严承诺，也是推动高质量发展的内在要求。黄河流域人口众多，发展不平衡不充分问题更为突出，生态脆弱明显，产业结构明显偏能偏重。目前其正处于经济发展增长期、工业化进程加速期、城市化持续推进期的多重时期叠加的发展阶段，黄河流域唯有走资源节约、绿色低碳的高质量发展之路才是根本出路，也是实现全国"双碳"目标的重要保障。自低碳理念提出以来，各种政策措施层出不穷，发展至今，黄河流域低碳发展的背景与所面临的困境也发生了变化。本章将对当前黄河流域低碳发展的现状及其面临的困境进行简要分析。

第一节　黄河流域概况

一、自然概况

　　黄河流域面积达 79.5 万平方千米，处于东经 96°～119°，北纬 32°～42°，始于青海，途经四川、甘肃、宁夏、内蒙古、山西、陕西、河南 7 省份（如图 3-1 所示），在山东注入渤海。沿岸主要有兰州、银川、呼和浩特、吕梁、榆林、郑州、济南等31个城市。参照水利部黄河水利委员会对黄河流域段的划分，基于地理、地质、水文等不同特征，黄河干流河道可分为上、中、下游3个区域：上游段起自青海的巴颜喀拉山直到内蒙古自治区的河口镇，干流河道全长3471.6千米，其面积为42.8万平方千米，约为黄河流域面积的53.8%；中游段，自内蒙古河口镇至河南郑州的桃花峪，全长1206.4千米，其面积为34.4万平方千米，约为黄河流域面积的43.3%；下游段从桃花峪至渤海入海口，总长785.6千米，其面积为2.3万平方千米，只占黄河流域总面积的2.9%。黄河流域西部潜入内陆，东部紧邻渤海，流域各地区间具有十分明显的气候差异，其中西部地区为干旱气候，中部地区属于半干旱气候，东南部地区则多为半湿润气候。多样的气候为黄河流域的天然生物资源创造了良好的生存环境。与此同时，黄河流域内不仅资源丰富，能源储量也十分充足，目前已确定114种矿产资源，其中稀土、煤、钼、石膏等资源储量在全国范围内都具有明显的优势。

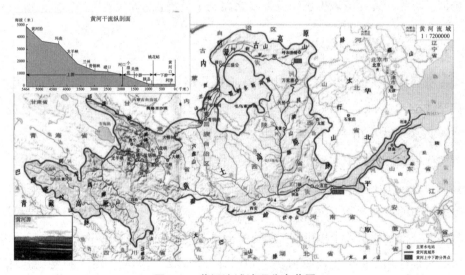

图3-1 黄河流域地理分布范围

注：根据自然资源部审图号JS（2012）01-297号的标准地图制作，底图无修改。

黄河流域内多数地区地处我国中西部，受自然、社会、历史等因素影响，生态环境较为脆弱，水环境问题突出。目前，黄河流域生态环境突出问题和保护重点主要体现在 4 个方面：源区生态退化、废物污染、水土流失及水质保障。黄河源区受地形、气候等自然条件影响，生态较为脆弱，加之过度放牧和土地不合理利用等人为因素影响，湿地萎缩、碳汇功能下降等系列生态问题逐渐显露。21 世纪以来，国家实施了一系列生态保护和建设措施，如退牧还草还湿等工程，有效提升了水源涵养能力；黄河流域作为我国农产品主产区，大量化肥、农药的使用和灌溉引水，不仅增加了农业污染负担，也降低了水域的纳污能力。从水量来看，全球变暖大背景之下的径流量随蒸发量的剧增而削减，有调查研究表明"我国第二大河"近百年来径流量呈显著下降趋势，且中间出现多次维持数年的枯水期[①]。随着快速工业化和城市化的推进，生产和生活用水迅速增加，用水压力也逐渐增加。在水质方面，在自然和人为因素的相互交织下，流域生态环境堪忧，尤其是水土流失占据全国一定比例，大量的水土流失不仅使水质浑浊，而且抬高了下游河床，使其成为悬河。可见，黄河流域生态绿色发展之路仍十分漫长。

二、经济发展状况

黄河流域在国民经济布局中占有重要战略地位，起着承东启西的作用。截至 2021 年年末，黄河沿岸 9 省份地区生产总值之和占全国 GDP 总量的 25.08%，其中，山东、河南和四川 3 省份发展迅猛，在全国排名前六位，在黄河流域经济发展中起到了"排头兵"作用，甘肃、宁夏、四川的地区生产总值增速位于全国前十，增速超过全国，但与其他发达地区相比仍相形见绌。国家公布的数据显示，2021 年地区生产总值排名前三十的城市中，仅成都、郑州、济南、西安 4 个城市榜上有名，且入围前十的仅有成都市，与长三角、珠三角地区相比地区生产总值仍差距明显。产业结构方面，由于独特的自然条件和技术条件等限制，黄河流域产业结构相对落后，工业化发展水平不高。截至 2021 年，从黄河流域各省份三产占各自地区生产总值的比重综合来看，

---

① 刘昌明．对黄河流域生态保护和高质量发展的几点认识 [J]．人民黄河，2019，41（10）：158．

沿黄省份的产业结构水平参差不齐，三大产业间生产总值差距较大，与全国水平及情况相比，主要从业人员仍集中在一产和二产方面，传统产业转型升级步伐亟须加快，产业结构有待进一步优化。

综合来看，黄河流域各省份总体发展水平不高，各省份所处的经济发展阶段不同，尽管山东、河南、四川3省份整体发展水平良好，但未能形成联动效应。加之各省份的统筹规划视野仅限于各自的短期发展，地方政府各行其是，未能形成彼此关联的产业链及各省份协调发展的格局。此外，黄河流域9省份人均地区生产总值、城镇居民收入、农村居民收入虽均处于上升趋势，但实际上各省份之间的差距呈扩大的趋势。以2021年为例，山东的人均地区生产总值达到81715元，而甘肃的人均地区生产总值只有41138元，仅为山东的50.34%（详见表3-1）。由此可见，在短期内若想缩小黄河流域各省份之间和各省内部的差距是十分棘手的工作，想实现流域内经济协调发展任重道远。

表3-1　2021年黄河流域产业结构与产值概况

地区/全国	第一产业增加值（亿元）	第二产业增加值（亿元）	第三产业增加值（亿元）	地区生产总值（亿元）	人均地区生产总值或GDP（元）
青海	353	1333	1661	3347	56341
四川	5662	19901	28287	53851	64323
甘肃	1365	3467	5412	10243	41138
宁夏	364	2021	2136	4522	62549
内蒙古	2225	9374	8915	20514	85422
陕西	2409	13802	13589	29801	75369
山西	1287	11213	10090	22590	64821
河南	5621	24332	28935	58887	59410
山东	6029	33187	43880	83096	81715
黄河流域	25315	118631	142906	286851	68189
全国	83086	450904	609680	1143670	80976

数据来源：2021年各省份国民经济和社会发展统计公报。

三、生态环境状况

黄河流域是我国"两屏三带"生态安全战略格局中的关键区域，青藏高原生态屏障、"黄土高原—川滇"生态屏障和北方防沙带"两屏一带"都位于流域境内。目前，流域有黄河天然生态廊道、祁连山水源涵养功能区、黄土丘陵区水土保持功能区、三江源湿地保护功能区等12个国家级生态功能区（杨泽康，2021）。从不同流域段来看，黄河上、中、下游的生态结构和服务特征各具独特性。黄河上游地区多为高山，湖泊和沼泽众多，蕴藏的水力资源十分丰富，水清沙少，是重要的水源涵养地，但其很多地区属于高寒生态脆弱区，地质灾害隐患多；中游地区流经黄土高原，沙源丰富，加之夏秋多雨，经常容易出现河道淤积和河段侵蚀现象，水土流失严重，但其古代森林茂密，储藏着丰富的煤炭资源；下游地区生态流量偏低，以平原、丘陵为主，河道宽浅、坡降小，水流平缓，是一个兼具落淤沉沙、漫滩行洪等水文泥沙过程的宽滩河流生态系统，一些地方湿地萎缩，河道泥沙淤积严重，河床上升形成地上悬河，存在洪水泛滥的风险。

黄河流域的水资源情况和水质情况见图3-2和表3-2。从水资源总量来看，黄河流域水资源总量为917亿立方米，供水总量达393亿立方米。① 由图3-2可知，流域内9省份中，水资源最丰富的是四川，但人均水资源量最高的却是青海，宁夏和山西2个省份的水资源总量和人均水资源量都是最少的。从表3-2中流域的水质情况来看，黄河流域水质整体良好，其中，干流水质为优，主要支流水质良好。在监测的265个国考断面中，Ⅰ~Ⅲ类水质断面占81.90%，同比上升2.10%；劣Ⅴ类占3.80%，同比下降1.10%。从空气质量来看，黄河流域的空气质量与全国平均水平还存在差距，优良天数比例也低于全国平均值，尤其是汾渭平原，空气污染严重。2021年，汾渭平原11个城市平均超标天数比例达29.80%，其中，重度及以上污染天数比例为

① 李焯，蒋秀华，朱彪，等. 未来10a黄河流域水资源承载能力评价 [J]. 人民黄河，2022，44（S1）：25-27.

3.00%，同比上升0.20%。^① 从土地情况来看，黄河流域的资源较丰富，湿地总面积为39300平方千米，种类复杂、繁多，在我国湿地面积中占比6.00%，^② 是流域生态安全格局中的重要组成部分。

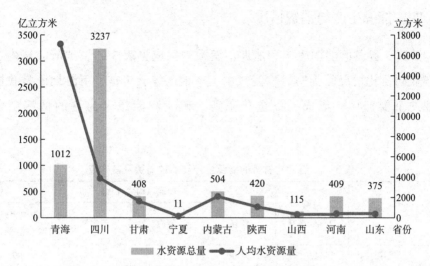

图3-2　黄河流域9省份的水资源情况

数据来源：《2021年中国环境统计年鉴》。

表3-2　黄河流域的水质情况

水体	断面数（个）	比例（%）			比2020年变化（%）		
		I~III类	IV~V类	劣V类	I~III类	IV~V类	劣V类
流域	265	81.90	12.50	3.80	2.10	-0.90	-1.10
干流	43	100.00	0.00	0.00	2.40	-2.30	0.00
主要支流	222	78.30	14.90	4.50	2.00	-0.50	-1.30

数据来源：《2021年中国生态环境统计年报》。

整体来说，黄河流域的生态环境基础薄弱，生态环境的整体性和系统性问题明显，环境修复进程困难且缓慢。尤其是地处高纬度地带黄河上游，生态脆弱区较多，高原的冰川、草原植被和湿地环境很容易受到气候变化和自

---

① 数据来源于《2021年中国生态环境状况公报》。

② 彭杨靖，林乐乐，张宇，等.黄河流域湿地类型国家级自然保护区景观格局变化及发展强度分析[J].湿地科学与管理，2022，18（4）：21-26.

然灾害的影响。新时代以来，人们更加关注黄河的保护与治理，但是，目前黄河的状况离"幸福黄河"的目标还有很大的距离，因此，加强黄河的生态环境保护和治理仍然是长期的中心任务。

四、能源生产与消费情况

沿黄 9 省份的能源生产和能源消费及其构成见表 3-3。黄河流域内主导产业同质化情况较为明显，流域中上游地区煤炭丰富，下游地区是我国石油的重要产区，形成了以重化工业、矿业和能源等为主的低端产业结构。

表 3-3   沿黄 9 省份的能源生产和能源消费及其构成

省份	类型	总量 （万吨标准煤）	能源构成（%）			
			原煤	原油	天然气	一次电力及 其他能源
青海	能源生产	4542.13	20.00	7.17	18.74	54.09
	能源消费	4235.23	29.15	10.87	16.38	43.60
甘肃	能源生产	6394.63	39.53	20.19	0.31	39.97
	能源消费	7818.02	52.40	15.50	5.27	26.83
宁夏	能源生产	5255.60	92.50	0.00	0.00	7.50
	能源消费	8166.70	88.60	3.50	3.70	4.20
内蒙古	能源生产	64214.69	95.36	0.03	0.42	4.19
	能源消费	25345.57	81.87	5.29	2.09	10.75
陕西	能源生产	56781.90	78.68	8.91	10.48	1.93
	能源消费	13478.06	72.73	7.72	11.42	8.13
山西	能源生产	69313.12	97.15	0.00	1.09	1.76
	能源消费	16837.00	95.62	0.00	0.17	4.21
河南	能源生产	10304.00	82.30	3.50	0.40	13.80
	能源消费	22300.00	67.40	15.70	6.10	10.80
山东	能源生产	13499.51	57.93	23.54	0.42	18.11
	能源消费	41390.00	67.28	15.52	5.01	5.83

省份	类型	总量 （万吨标准煤）	能源构成（%）			
			原煤	原油	天然气	一次电力及 其他能源
四川	能源生产	13135.30	20.10	0.10	44.60	35.20
	能源消费	16382.20	35.90	23.00	20.50	20.60

数据来源：2020 年黄河流域 9 省份的统计年鉴。

　　黄河流域煤炭、石油、天然气等化石能源以及有色金属等矿产资源丰富，与之相关的化石能源和矿产资源采掘加工业较为发达，黄河流域内共有 75 个资源型城市，占全国资源型城市总数的 28.60%；有 7 个亿吨级煤炭基地，占全国总数的一半；有 6 个千万千瓦级大型煤电基地，占全国总数的 2/3。黄河流域能源生产和消费总量大、能耗强度高。根据表 3-3 可知，黄河流域能源生产总量达 24.34 亿吨标准煤，已经达到了我国能源生产总和的 60.50%；其能源消费总量达到了 15.60 亿吨标准煤，是全国能源消费总量的 32.10%。此外，黄河流域每万元地区生产总值就需要消耗 0.61 吨标准煤的能源，这一水平超出全国平均水平的 1/4。从实际状况来看，黄河流域上游的青海、宁夏、甘肃 3 个省份的经济水平相对较低，其产能一般呈现粗放式状态，因此最终的地区生产总值平均能耗量也远超其他地区。此外山西、陕西以及内蒙古这 3 个省份的经济发展水平中等，仍不可避免较高的能源消耗量，单位 GDP 能源消耗量虽然低于西部地区，但依旧呈现比较高的状态。四川、河南以及山东 3 个省份的经济水平相对较高，能源生产量低于能源消费量，因此单位 GDP 能耗水平比较低。

第二节　黄河流域治理实践和经验

一、治理实践

　　1949 年至 1978 年，黄河流域环境治理工作的重点体现在预防下游水患上。周恩来总理曾针对积贫积弱的国情以及黄河治理工作采取了积极稳妥、审慎有序的治理方针，并表示要从毛泽东同志的哲学思想角度上展开黄河治理工作。在这一阶段，黄河流域治理主要集中在扩宽河道、加固堤坝、引黄济卫等工程，同期建设了三门峡、刘家峡等水利枢纽工程，针对黄土高原进行了全方位的勘察和分析，这也为之后的黄河治理工作奠定了坚实的基础。1978 年至 2012 年，黄河流域治理进入流域生态治理的可持续发展阶段，尤其是在我国实施改革开放政策之后，社会生产力得到了进一步的解放，国民经济迅速发展，黄河流域的生态保护以及经济开发之间所呈现出的矛盾问题也更加严峻，党和国家政府对此给予了高度关注。在这一阶段，黄河流域成功建设了小浪底、万家寨等水利枢纽工程，并且开始进行大规模的引水提灌，进一步加固了沿线的堤防，还在流经城市实施退耕还林、退耕还草、封山禁牧等多种生态治理工程，由党中央、人民政府制定流域功能区相关制度。这一措施有效解决了河道萎缩以及黄河断流等方面的问题，同时真正地实现了人与流域自然和谐发展的局面，为维护黄河流域社会稳定做出了重要贡献。

2012 年至今，黄河流域的环境治理工作已经进入全新阶段，"绿水青山就是金山银山"的生态治理模式已经成为黄河流域生态环境保护的新趋势。尤其是在党的十八大之后，新发展理念逐渐成为新时代发展观，生态文明建设也被正式纳入中国特色社会主义事业战略布局，党在生态治理和流域治理方面的作用凸显。"绿水青山就是金山银山"的生态优化发展路径科学地回答了新时代我国应实现怎样的发展和怎样实现发展的重大历史命题。2019 年 9 月，习近平总书记第一次将黄河流域生态保护和高质量发展提到了国家战略的高度，并充分彰显了中国共产党未来发展的核心理念，说明了黄河流域的治理工作也将在中国共产党的带领下走向新的征途。在这一时期，要继续深化生态文明体制改革，强化"三线一单"的约束力，提高黄河流域空间治理水平，开展适当性的评价和分析，加大流域防洪水利枢纽等相关工程的建设力度，通过中央生态环保监察，助力黄河治理工作再上新台阶，推动流域跨省份合作治理工作，从产业集群和城市集群等方向创新流域发展模式，最终实现黄河流域脱贫攻坚和全面建成小康社会的目标。

二、治理经验

在统筹推进黄河流域治理的过程中，我国也累积了一些成熟的经验：

（一）要充分发挥党中央集中统一领导的政治优势

中国共产党是 70 余年来黄河流域治理工作的领导核心，党从我国国情角度出发，从未来民族复兴角度开辟了以人民利益为根本利益的科学发展之路，大力推动了黄河流域生态环境与经济高质量发展的进程。此外，中国共产党坚持科学发展观，作为黄河流域治理的领导核心，详细规划了黄河流域治理政策制度以及法律规定，依法推动黄河流域的生态治理工作，切实发挥党在流域治理过程中的领导能力，为黄河流域的治理工作指明了清晰的方向、目标及行动准则。

（二）进一步明确黄河流域战略治理思维，从辩证唯物主义的角度正确认识治理的重要性

始终坚持唯物主义方法论，明确生态环境保护与经济发展之间的统一对立关系，这也是贯穿整个黄河流域治理工作始末的核心思想。深入探索科学治河的战略发展方针，对所发现的问题进行准确分类和深入研究，坚持问题导向，规划阶段性战略目标，不单要着重解决眼前的问题，更要以战略视角来系统分析未来工作的重要性，不断实现黄河流域治理实践工作的有效转变，从顶层设计角度有的放矢地开展工作，并遵守循序渐进的原则，使黄河流域治理取得更加显著的成效。

（三）创建规范化的治理制度体系

完善流域治理机构，深化流域治理体制机制改革，建立健全流域治理政策体系，依法进行流域治理，自上而下地开展制度创新工作，由易到难进行试点推广。与此同时，专注由外围到核心突破，让流域治理体制机制不断地向核心方向靠拢，加快流域治理制度体系战略发展目标的实现，推动流域治理制度体系规范化，并增强其导向及制约能力，进一步健全黄河流域治理体系，提高流域现代化治理能力。

（四）协同推进流域生态保护与经济发展及多主体协同治理格局

从降低生态空间占有率，降低资源消耗量，控制污染排放的角度为黄河流域生态环境及经济高质量发展提供相应的支持，并进一步减少和清退一部分落后产能，全方位开展节能减排工作，积极推动废弃物的综合治理以及循环利用工作，以多元化的生态治理工作实现流域生态的可持续发展。此外，针对流域内生态环境相对脆弱及生存条件较差的贫困地区，要统筹规划，协调推进，加大脱贫致富工作力度，提升生态环境保护效率。黄河流域的治理工作还需要以广大人民群众为基础，党委总揽全局，协调各方资源、人才和顶层设计；政府则应加快完善政策举措、体制机制、法律法规等方面的制度体系，并使其落到实处；企业、民众以及社会组织更要积极参与其中，激发其履行社会职责，为流域治理贡献力量。

第三节　黄河流域低碳发展现状

一、黄河流域碳排放强度高，地区差异明显

根据 2021 年所公布的数据信息，黄河流域 9 省份生产总值为 28.68 万亿元，是当年全国 GDP 总量的 25.08%，流域碳排放总量为 38 亿吨，占当年全国碳排放总量的 34.90%。与此同时，2019 年黄河流域每万元地区生产总值所产生的二氧化碳量为 1.54 吨，而这一水平超出了当年全国平均水平的 28.50%。从碳排放总量看，黄河流域各个地区碳排放总量差距较为明显，例如山东、内蒙古以及山西这 3 个省份的碳排放量分别达到了 9.37 亿吨、7.94 亿吨以及 5.57 亿吨，远超青海省的碳排放量，且分别是青海省的 18.1 倍、15.3 倍以及 10.9 倍。从碳排放强度上看，2019 年，宁夏、内蒙古以及山西是黄河流域单位 GDP 碳排放量较高的省份，分别达到了 5.66 吨二氧化碳/万元、4.61 吨二氧化碳/万元和 3.33 吨二氧化碳/万元，而这 3 个省份的经济发展水平相对较低，其中四川省的单位 GDP 碳排放数量最低，宁夏、内蒙古以

及山西 3 个省份的单位 GDP 碳排放量分别是四川省的 8.4 倍、6.8 倍以及 4.9 倍，差距较大。黄河流域中上游碳排放强度城市均值高于整体均值，且整体均值又高于黄河流域下游碳排放强度均值，虽然黄河流域下游的碳排放量最大，但其碳排放强度最低，这也与碳排放量及地区经济发展引致的能源需求有关。

二、黄河流域的碳源及碳汇空间呈现出逆向分布的状态

从地理环境上看，黄河流域的碳排放主要集中在河南、山东以及山西等一些经济发展规模较大的省份，这些地区普遍存在较多的重工业城市，因此导致碳排放量较大。而青海和内蒙古等西部省份由于经济发展程度较低，因而其碳排放量也低于以上区域，总体而言，其碳源分布呈现出"东部高、西部低"的状态，即"东高西低"。此外，黄河流域的林草资源以四川、内蒙古、青海为主要分布区，降水多，森林植被覆盖面积大，而河南以及山东等东部城市的植被覆盖率低，生态环境较差，绿化资源较少，林草资源低于西部地区，碳汇总体结构呈现出了"西高东低"的状态。[1][2] 另外，流域各省份效率低下和倚能倚重问题愈加严重，缺乏具有较强竞争力的新兴产业集群，人才资金外流现象严重，要素资源较为缺乏。能源消费以煤炭为主，能源消费总量在党的十八大之前增长较快，之后呈现缓慢上升趋势，这与经济高速增长引发能源消费量增加有关。与此同时，由于化石燃料的消耗是造成二氧化碳排放的重要原因，因此黄河流域以煤炭为主的能源结构伴随着大量的碳排放。

三、黄河流域低碳发展水平较低，地区间差异明显

黄河流域低碳发展面临能源结构偏煤、产业结构偏重、新能源开发能力亟须提升、低碳政策机制支撑转型能力不足等突出问题。

① 宋梅，郝旭光，柳君波. 黄河流域碳均衡时空演化特征与经济增长脱钩效应研究 [J]. 城市问题，2021（7）：91-103.

② 贾松伟. 黄河流域森林植被碳储量分布特征及动态变化 [J]. 水土保持研究，2018，25（5）：78-82，88.

碳排放总量较高、碳排放强度居高不下且碳排放权市场不健全等问题倒逼黄河流域发展低碳模式。黄河流域的高质量发展面临着经济发展水平低和资源环境约束大两大难题，低碳发展作为黄河流域生态环境保护和高质量发展的重要内容，是黄河流域新旧动能转换的主要路径，也是实现全国"双碳"目标的重要保障。推进绿色低碳发展意义重大，实质上也是一场涉及发展观念、生产模式、生活方式等的全方位的变革。绿色低碳发展也存在制度体系不完善、大规模开发利用新能源的技术还不成熟、节能降耗面临阶段性压力、公众在低碳社会建设中参与度不够、低碳发展示范试点政策的经验总结和推广力度不够等诸多问题。亟须走出一条具有中国特色的自上而下和自下而上相结合的低碳发展道路。

面对传统粗放的发展模式带来的资源约束趋紧、环境恶化、生态系统破坏等问题，在积极应对全球气候变化的背景下，我国推行节约资源和保护环境的基本国策，将碳排放强度下降指标作为约束性指标纳入国家经济社会发展的中长期规划中，加强绿色低碳发展的相关制度建设，建立健全绿色低碳发展的产业体系和能源体系，促进二氧化碳排放强度的持续降低以及非化石能源消费比重的逐步提高，推动形成绿色低碳的发展方式和生活方式。

第四节　黄河流域低碳发展的制约因素

一、流域能源结构及产业结构转型任务重、难度大

（一）黄河流域化石能源的转型任务相对艰巨

黄河流域的产能和能源消费中的煤炭消耗强度较大，2019 年，黄河流域除了四川省和河南省，其他省份的单位 GDP 碳排放量均大于全国平均值，除青海和甘肃外的其他省份在煤炭消耗量方面也远超过全国平均水平。我国有 2/3 的千万千瓦级大型煤电站和 1/4 的钢铁产业在黄河流域，黄河流域 9 省份

中还有 14 个亿吨级大型煤炭基地以及 9 个千万千瓦级煤电基地,① 黄河流域甲烷排放量已经超过了所有能源活动甲烷排放总和的 80%。② 由于能源资源的开发是一项长期工程, 且以粗放式加工为主, 因此黄河流域产业的高附加值相对比较低。③ 与此同时, 能源产业尤其是煤炭开采过程中会消耗大量的水, 这加剧了黄河流域能源发展与水资源之间的冲突, 如内蒙古神东和蒙东煤炭基地, 2015 年, 两个煤炭基地预计需要 $26.4×10^8$ 立方米的地下水资源才能满足当年预计煤炭开采的需求, 而这一地下水资源达到了内蒙古地下水总量的 1/5。④ 此外, 黄河流域新能源产业开发力度不足, 要加强对黄河流域风能、光能等可再生能源的开发利用效率。黄河流域 9 省份 2019 年的平均 70 米海拔层年风功率密度在 150 瓦/平方米及以上, 所占面积为 216.9 万平方千米, 占全国总量的 41.1%。⑤ 根据相关研究计算, 黄河流域中太阳能资源技术能够开发 9520700 兆瓦, 是全国太阳能技术可发电总量的 61%, 其优势相对比较突出。⑥ 但在 2019 年, 黄河流域的总发电量只有 27156 千瓦·时, 其中风能、水能以及太阳能等新型清洁能源的发电总量为 7140 亿千瓦·时, 仅占当年黄河流域年度发电总量的 26%, 这一现象的主要原因是当时技术水平和成本的限制以及用电需求偏低, 流域新能源发电消纳能力弱, 流域内经常出现摒弃光能和风能发电的现象。根据国家能源局公布的统计数据计算, 2019 年上半年, 黄河流域所摒弃的光电量就有 14.1 亿千瓦·时, 是当年弃光电总量的 54%;另外弃风的电量为 48.4 亿千瓦·时, 是当年全国弃风电总量的 46.3%。⑦

---

① 全国煤化工信息站 . 国务院办公厅发布《能源发展战略行动计划 (2014—2020 年)》[J]. 煤化工, 2014, 42 (6): 71.

② 马翠梅, 戴尔阜, 刘乙辰, 等 . 中国煤炭开采和矿后活动甲烷逃逸排放研究 [J]. 资源科学, 2020 (2): 12.

③ 刘文, 李鹏 . 以生态能源新模式促进黄河流域能源产业高质量发展 [J]. 科技中国, 2020 (12): 4.

④ 陈嘉茹, 张震, 苏铭 . 黄河流域能源高质量发展的问题与建议 [J]. 世界石油工业, 2021, 28 (2): 31-62.

⑤ 中国气象局风能太阳能资源中心 . 2019 年中国风能太阳能资源年景公报 [EB/OL]. (2020-01-05) [2022-09-15]. 百度, https://baijiahao.baidu.com/sid=16548776540669035148wfr=spider&for=pc.

⑥ 孙丽平, 方敏, 宋子恒, 等 . 我国太阳能资源分析及利用潜力研究 [J]. 能源科技, 2022, 20 (5): 9-14, 18.

⑦ 国家能源局 . 2019 年上半年光伏发电建设运行情况 [EB/OL]. (2019-08-27) [2022-09-15] . 国家能源局网站, http://www.nea.gov.cn/2019-08/23/c_138330885.htm.

（二）黄河流域高碳基产业的转型是一个相对困难的过程

长久以来，黄河流域都是依靠能源和矿产的天然资源优势，逐步发展成以粗放型开发为主导的高碳产业发展模式，高碳产业的耗能以及碳排放量更高，在高质量发展目标阶段想要实现产业转型目标的难度较大。2020 年，河南省的高耗能工业增加值占当年工业总规模的 35.8%，陕西省能源工业的增加值为 46%，甘肃省的支柱产业主要集中在能源开采、有色金属以及冶金等重工业产业，这些产业在 2020 年的增加值达到了 69.2%。现如今黄河流域有很多地区还在进行高能耗的煤化工项目，正在建设或准备建设的煤制气工程的产能值相当于国家产能的半数，煤制油和煤制乙醇等产业的产能都超过了国家产能的 60%。黄河流域内多省市（区）的煤化工产业依旧呈现出了产能逐年增长的发展状态，虽然有些园区实施了水资源的循环利用方案，但绝大多数的小型企业仍以粗放式用水方式为主，较高的水资源利用量对流域生态环境造成了沉重负担。

二、流域低碳治理法治化有待加强

国家主席习近平在第七十五届联合国大会一般性辩论上庄严承诺："中国将提高国家自主贡献力度，采取更加有力的政策和措施，二氧化碳排放量力争于 2030 年之前达到峰值，努力争取 2060 年前实现碳中和。"目前，碳达峰、碳中和已成为国家既定目标。黄河流域以重化工业、矿业和能源等为主的产业结构也注定了黄河流域的碳排放治理工作的难度较大，因此，必须牢固树立全面依法治水的理念，以法治思维方式推动黄河流域低碳产业的持久健康发展。

根据国际经验分析，立法的推进是碳排放治理工作的核心内容和必由之路。早在 2003 年英国政府就已经颁布了有关能源产业发展的白皮书《我们能源的未来：创建低碳经济》。此外，英国政府在 2008 年还通过了《气候变化法案》，预计在 2050 年之前降低 80% 的碳排放量，并在法律规定中制定了 5 年一次的碳预算详细目标和管理制度。1990 年，美国开始正式实施《清洁空气法》，在 2005 年之后又陆续颁布了《能源政策法》《低碳经济法案》等相应的法律制度，其目的就是借助法律的力量来为美国低碳经济发展提供相应的支持。日本于2006年颁布了《新国家能源战略》，随后的几年内还陆续颁布了《推进地球温暖化对策法》以及《能源合理利用法》等法律法规，并在2009年年末颁布的《推进低碳社会建设基本法案》中明确表示了将会在2050年实现本国温室气体排放量削减60%~80%的目标。通过立法措施来推动低碳产业发展，一些发达国家基本上进入了碳中和的发展阶段。

从国内经验来看，法律法规是推进低碳发展的终极保障。为了推动黄河流域经济的高质量发展，2021年11月，我国所发布的《最高人民法院服务保障黄河流域生态保护和高质量发展工作推进会会议纪要》提出，要彻底地落实严格控制高耗能产业节能减排的战略措施，并且要加大综合管理力度，从破产以及重整等合法手段上开展市场主体救治工作，清退一批不合格的高耗能产业，提高绿色经济发展水平。此外，要妥善地审理绿色技术以及碳排放权交易纠纷案件，为黄河流域的"绿色、低碳、可持续发展"提供理论支持和技术支撑。会议纪要还提出，要对民法典中的绿色原则和绿色条款进行精确运用，加强对能源、资源物尽其用、循环利用的司法指导。2022年10月召开的第十三届全国人大常委会第三十七次会议审议通过了《中华人民共和国黄河保护法》（以下简称《黄河保护法》），而这一项法律制度的落实也为黄河流域生态保护工作提供了明确的法律依据，为正式开展黄河流域节能减排、环境治理、退耕还林、经济可持续发展等工作提供了立法保障。

目前，关于黄河流域生态保护的法律法规合计有十多部，但相互之间仍缺乏一定的关联性，对某些内容存在交叉规定，具有一定的局限性，不同行政机关在处理黄河流域生态的相关问题时可能会各执己见，导致黄河流域环境污染侵权案件不能及时得到解决。虽然《黄河保护法》的出台提升了黄河流域法律效力层次，但其强制约束力仍稍显不足，多省份彼此间执行力、约束力明显较差。同时，由于环境问题本身具有极强的跨区域性，而区域内的环境法律本身尚未能从根本上突破以区划分为基础的治理模式，行政区域划分导致的属地观念仍旧存在。此外，在司法实践过程中，也未形成稳定、高效的联合协作机制，虽然黄河流域相邻的部分省、市、县在污染联防联治方面已经展开跨区域联合工作，但还没有形成常态化的工作机制，有时在执法的过程中无法形成联动，跨区域联合执法过程中数据信息不透明、不公开、不共享，更增加了跨区域联合执法的难度。

三、流域城市及部门联动不充分

由于管理体制的限制，黄河流域城市之间往往难以激励相融。《中华人民共和国环境保护法》第十六条明确规定：将各地区环境质量的责任细分到各级政府、各部门，各地方政府应当采取必要措施予以改善。由此可以得出，对生态环境的保护属于地方政府的职责。由于我国行政区域的划分是固定的，因此，在对其他地区进行管理的过程中，当地政府的行政功能存在着某种程度上的排他性，从而导致区域之间缺少协同与统一，进而导致在共同解决社会事务时出现停滞等情况。行政级别划分等管理体制局限使不同地方之间并没有实质性的接触和联系，不仅难以充分发挥空间距离所带来的凝聚效应，还大幅提高了生产成本，从而使资源要素在流入和流出过程中产生不必要的成本，造成大量且不必要的生产损失。由于各地方政府之间没有形成有效的协同合作关系，因此在追求本地区经济利益时，往往会造成大量重复的建设和投入，形成资源浪费，进而给国家利益造成巨大损失。此外，当牵扯到对碳排放企业的建设和监督的时候，各地没有严格遵守国家的统一规定，对碳排放企业污染物排放的监督缺乏引领。

除了个别地方受管理体制局限缺乏横向协同外，流域城市间的一些相关政策力度差距也比较明显。根据《全国碳排放权交易管理条例》，黄河流域多城市均有对碳排放相关的地方性政策及法规，但并未形成统一协调的防治体系，同时各项政策力度也不同。此外，污染物违规排放罚款和对公共污染数据的有关罚款，也有一定的矛盾，不同城市对与碳排放有关的违法问题所采取的处罚形式也有一定的差别。与此同时，流域城市间差异导致利益分配和风险承担不均衡。经济基础、地理空间、产业结构、资源禀赋等方面的差异，导致黄河流域内部各区域间呈现出差异化与多元化的资源及相应的发展诉求，因此，关于碳排放治理的利益分配及风险承担也不均衡。碳排放具有复杂性与广泛性，因此协同治理是一项庞大的工程，需要投入大量的财力、物力和人力，不同地区由于不同的产业结构与经济发展模式导致面对碳排放治理问题时所采取的态度不同，具体表现在不同地区间的发展诉求和资源诉求不同。因此，区域政府在处理环境资源问题时，政府之间的协议难以达成，经济较为落后的地区在治理积极性上略低于经济发展迅速的地区，为躲避治理，部分地区可能会对相关治理事务采取不配合态度，造成"搭便车"现象，对区域政府间协同健康治理产生负面影响。此外，黄河流域不同城市间的地域差异也会影响到碳排放治理相关政策的制定。通常，经济发展水平较高的城市会将更多的财力和时间投入大气治理法律法规体制的完善上。与此同时，流域各城市科技发展水平上的高低也将会影响其碳排放治理能力，科技发展水平越高，碳排放及对空气污染的防治和治理能力越显著，进而使流域不同区域之间碳排放防治标准和污染处罚形式不同。

部门联动不足，缺少政策间相互协调的观念。目前，有关碳排放治理的政策主体范围较广。根据有关资料的数据统计，目前我国碳排放政策的制定主要由生态环境部主导，而由多个部门共同发布的环境政策比较少见。因为环保政策涉及范围广泛，各部门间的协作和交流体制机制还不完善，如果单独发布可能会造成政策的矛盾和冲突等问题。不同政府机构之间缺乏协调，降低了实现碳排放治理的效率甚至引发冲突，拉大了与协同控制要求的差距。此外，各种环境政策在内容上存在重叠，在目标、使用的工具及作用方式上均存在一定的一致性。不同环境政策，其内容有一定交叉，目标、工具在具体规定上存在矛盾，给政策的实施和执行带来阻碍，从而造成政策效果减弱，偏离政策目标。

四、信息公开程度及主体参与度差异

信息公开程度不同，主体参与积极性欠缺。目前我国有关碳排放的分析资料和数据多集中于全国、地区和省级 3 个层级，城市尺度的数据十分缺乏，并存在诸多问题，如我国城市级别的统计数据不统一，精确度和透明度较低等。并且各个城市的产业结构、资源禀赋、经济发展水平参差不齐，因此，不同地区对碳排放清单的重视程度也存在差异，虽然碳排放清单对大气治理的整体研判较为有利，但对前期的资金投入和技术要求也较高，这对地方政府来说也是一项考验。就部门层面而言，目前碳排放的数据收集工作主要由多个部门交叉完成，如统计、林业、交通运输、农业、生态环境等部门所涉及的各类基本统计指标分散在各个部门的统计制度中，因此，对同一指标的统计口径与调查范围缺少统一的标准，不仅影响基本数据的统计调查工作，也不利于碳排放数据的采集和核算，这些均会对碳排放测算的标准化与正规化产生负面影响。

非营利组织、市场、公众等参与度低。目前我国的环境管理体制以双边约束为主，以政府与企业参与为主，从而导致与某些社会组织机构，尤其是公益机构及公众利益相关方缺少实质且充分的沟通和交流。此外，由于缺少连通性强、高效便捷的政府制度化交流传播通道，新出台的生态环境政策不能准确及时地传达给各利益相关方，从而无法得到各方的充分理解、支持和配合，大部分利益相关方的观点和建议不能有效向上传达，进而制约了广大群众的咨询、监督和宣传行为。在协同治理中，各方主体互相交流并成为协作伙伴是协同治理的前提和基础。无论是在流域政府与碳排放企业间，还是在流域不同地方政府间，都是为了自身利益而进行博弈，实际上，这也可以被看作不同主体的参与度差异及信息流通度的不通畅。由于沟通渠道和平台的缺失，各主体在做出决策时，不完全了解相关方的决策，致使协同治理不能达到理想的效果。

第四章　黄河流域碳排放和碳排放强度的变化趋势及驱动因素

碳排放和碳排放强度是低碳发展情况的表征性指标。整体碳排放是一个绝对指标，它能够为一个国家在一定时期内碳排放量应控制在什么水平提供参考依据；碳排放强度是一个相对指标，它反映了经济增长同碳排放量增长之间的关系，如果一国在经济增长的同时，每单位国内生产总值所带来的二氧化碳排放量在下降，那么说明该国实现了低碳的发展模式。黄河流域化石能源资源丰富，但消耗也大，高碳排放企业多，因此，流域整体的碳排放基数不容忽视。本章将对黄河流域的碳排放和碳排放强度进行测算和分析，把握其动态变化规律，并找到影响黄河流域碳排放强度的因素。

第一节　黄河流域的碳排放状况

一、碳排放计算方法

根据联合国政府间气候变化专门委员会（Intergovernmental Panel on Climate Change，IPCC）的报告，温室气体排放大部分源于化石燃料的燃烧，碳排放量可通过燃料燃烧数量与燃烧因子来估算。[①] 本书通过国家统计局所公布的 2004—2020 年《中国能源统计年鉴》，整理了煤炭、焦炭、原油、燃料油、汽油、煤油、柴油和天然气 8 种能源的消费量，参考 IPCC 提供的计算方法对黄河流域的碳排放量进行估算，公式如下：

$$C = \sum_{i=1}^{8} C_i = \sum_{i=1}^{8} E_i \times SCC_i \times CEF_i \tag{4.1}$$

式中，C 表示碳排放量；C_i 表示第 i 种能源消费所产生的碳排放量；E_i 表示第 i 种能源的消费量；SCC_i 和 CEF_i 分别表示第 i 种能源的折标准煤系数与碳排放系数（见表 4-1）。其中，折标准煤系数来源于《中国能源统计年鉴》，碳排放系数来源于 2007 年 IPCC 发表的报告。

碳排放强度的计算公式为

$$CI = \frac{C}{GDP} \tag{4.2}$$

式中，CI 代表碳排放强度，C 表示估算的碳排放量，GDP 为地区生产总值。

表 4-1　各种能源的折标准煤系数与碳排放系数

系数	煤炭	焦炭	原油	燃料油	汽油	煤油	柴油	天然气
SCC	0.7143	0.9714	1.4286	1.4286	1.4714	1.4714	1.4571	1.3300
CEF	0.7559	0.8550	0.5538	0.5857	0.5921	0.5714	0.6185	0.4483

注：在折标准煤系数中，除天然气的计量单位为千克标准煤/立方米（kgce/m³）外，其他能源的计量单位都是千克标准煤/千克（kgce/kg）；碳排放系数的计量单位为吨碳/吨标准煤（t CO_2/tce）。

二、碳排放的结果分析

根据公式计算出 2003—2019 年黄河流域的碳排放，同时借鉴其他学者[②]的做法，将黄河流域 9 省份按照地理位置划分成黄河上、中、下游 3 个区域。其中，黄河流域各年份的碳排放结果为 9 省份相应年份碳排放结果的总和，

---

① IPCC. Contribution of working group to the fourth assessment report of the intergovernmental panel on climate change [R]. Cambridge：Cambridge University Press, 2007.

② 徐福祥，徐浩，刘艳芬，等. 黄河流域九省（区）生态保护和高质量发展治理水平测度与评估 [J]. 人民黄河, 2022, 44（6）：11-15.

黄河上、中、下游各年份的碳排放结果也由其所包含省份相应年份碳排放结果加总所得，整理得到的结果见表4-2。

表4-2 2003—2019年黄河流域的碳排放结果　　　单位：亿吨标准煤

年份	青海	四川	甘肃	宁夏	内蒙古	黄河上游	山西	陕西	黄河中游	河南	山东	黄河下游	黄河流域
2003	0.06	0.54	0.29	0.19	0.56	1.64	1.39	0.34	1.73	0.71	1.14	1.85	5.22
2004	0.06	0.62	0.33	0.19	0.72	1.92	1.46	0.43	1.89	0.99	1.45	2.44	6.25
2005	0.08	0.65	0.36	0.21	0.89	2.19	1.61	0.50	2.11	1.20	2.01	3.21	7.51
2006	0.09	0.72	0.38	0.23	1.44	2.86	1.80	0.62	2.42	1.37	2.30	3.67	8.95
2007	0.10	0.81	0.43	0.25	1.21	2.80	1.87	0.67	2.54	1.51	2.51	4.02	9.36
2008	0.11	0.85	0.44	0.25	1.44	3.12	1.80	0.75	2.55	1.56	2.66	4.37	9.89
2009	0.12	0.95	0.43	0.31	1.56	3.37	1.78	0.81	2.59	1.60	2.77	4.37	10.33
2010	0.12	0.98	0.48	0.37	1.56	3.51	1.80	0.96	2.76	1.73	3.05	4.78	11.05
2011	0.14	0.99	0.56	0.49	2.15	4.33	2.10	1.06	3.16	1.90	3.22	5.12	12.61
2012	0.16	1.03	0.57	0.53	2.23	4.52	2.20	1.22	3.42	1.78	3.38	5.16	13.10
2013	0.18	1.06	0.59	0.56	2.18	4.57	2.25	1.30	3.55	1.75	3.27	5.02	13.14
2014	0.17	1.09	0.60	0.57	2.23	4.66	2.30	1.37	3.67	1.77	3.49	5.26	13.59
2015	0.16	0.93	0.58	0.59	2.21	4.47	2.64	1.36	4.00	1.67	3.84	5.51	13.98
2016	0.18	0.91	0.56	0.58	2.24	4.47	2.62	1.38	4.00	1.65	4.00	5.65	14.12
2017	0.17	0.90	0.56	0.72	2.35	4.70	2.76	1.42	4.18	1.61	4.11	5.72	14.60
2018	0.17	0.88	0.59	0.80	2.70	5.14	2.95	1.39	4.34	1.62	4.08	5.70	15.18
2019	0.17	0.94	0.59	0.87	2.99	5.56	3.11	1.51	4.62	1.50	4.19	5.69	15.87

（一）碳排放量的时间演变特征

根据表4-2，绘制出2003—2019年黄河流域和上、中、下游地区以及黄河流域9省份的碳排放变化趋势图，如图4-1和图4-2所示。

从流域整体来看（见图4-1），2003—2019年黄河流域的碳排放量呈现出显著的上升趋势，2019年碳排放量为15.88亿吨标准煤，与2003年相比，增加了10.66亿吨标准煤，年均增长率为7.20%。根据碳排放量的上升幅度，可以分为两个阶段。第一阶段（2003—2012年）：该阶段黄河流域的碳排放量上升幅度较大，2006年碳排放量相比2003年增加了71.26%。该时期我国正处于工业化发展的中期阶段，流域内各省份的经济增长均依赖于大规模的资源环境消耗，由此产生的碳排放量也较高。第二阶段（2013—2019年）：该阶段黄河流域的碳排放量的上升趋势有所减缓，呈缓慢增加态势。

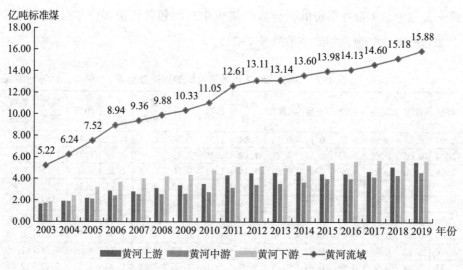

图4-1　2003—2019年黄河流域和上、中、下游地区的碳排放变化趋势

　　从不同流域段来看（见图4-1），黄河上、中和下游地区的碳排放强度演变趋势基本一致，均呈现出上升趋势。碳排放量由高到低依次为黄河下游、黄河上游、黄河中游。黄河上游地区的碳排放量表现为波动式上升，相较于2003年，2019年碳排放量增加了3.93亿吨标准煤，是研究期内流域中碳排放量上升幅度最大的区域。黄河中游地区的碳排放量表现为逐年上升态势。黄河下游地区的碳排放量只在2013年出现了下降趋势，其他年份碳排放量均不断上升，至2019年下游地区的碳排放量已达5.69亿吨标准煤。

　　从省域层面来看（见图4-2），黄河流域9省份的碳排放量具有阶梯性特征，各省份之间的碳排放量差距较大，大部分省份的碳排放量在研究期内呈上升趋势。2003—2004年，碳排放量最高的是山西省，从2005年开始，山东超越了山西，成为黄河流域9省份中碳排放量最高的省份，其碳排放量从2003年的1.14亿吨标准煤上升到2019年的4.19亿吨标准煤，年均增长率为8.48%。研究期内，青海一直是黄河流域内碳排放量最低的省，碳排放量未超过0.20亿吨标准煤，相较于2003年，2019年的碳排放量只增加了0.11亿吨标准煤。甘肃、宁夏和内蒙古的碳排放量呈逐渐上升态势，其中，内蒙古碳排放量的增长趋势明显，2019年的碳

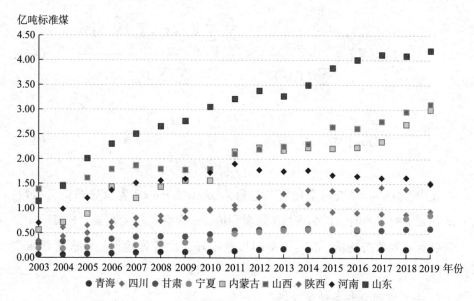

图4-2 2003—2019年黄河流域9省份的碳排放变化趋势

排放量是 2003 年的 5 倍之多，为 2.99 亿吨标准煤。山西和陕西两省的碳排放量表现为浮动上升，碳排放量增长也比较快，其 2019 年的碳排放量分别为 3.11 亿吨标准煤、1.51 亿吨标准煤，分别比 2003 年增加了 1.72 亿吨标准煤、1.17 亿吨标准煤。四川和河南两省的碳排放量前期呈上升趋势，后期逐渐表现出下降趋势，四川的碳排放量从 2014 年开始下降，2019 年小幅度上升，碳排放量为 0.94 亿吨标准煤；河南的碳排放量从 2011 年开始下降，由 1.90 亿吨标准煤下降至 2019 年的 1.50 亿吨标准煤。总体来说，黄河流域内大部分省份的碳排放量较高，且短时间内无法做到快速下降。

（二）碳排放量的空间演变特征

在空间演变的分析中，本书采用空间自相关分析法对黄河流域碳排放量进行空间自相关分析，据此反映黄河流域碳排放量的空间演变情况。空间自相关分析法被用于探索社会现象的空间分布规律。通过空间统计分析，人们可进一步了解事物和现象的空间分布特征及空间依赖性。一般情况下，评估空间自相关的指标分为全局空间自相关和局部空间自相关两种。计算公式如下所示：

$$\text{Moran's } I = \frac{n}{\sum_{i=1}^{n}(Y_i - \bar{Y})^2} \times \frac{\sum_{i=1}^{n}\sum_{j=1}^{n} W_{i,j}(Y_i - \bar{Y})(Y_j - \bar{Y})}{\sum_{i=1}^{n}\sum_{j=1}^{n} W_{i,j}} \tag{4.3}$$

$$\text{Local Moran's } I = \frac{(Y_i - \bar{Y})\sum_{j=1}^{n} W_{i,j}(Y_j - \bar{Y})}{\sum_{i=1}^{n}(Y_i - \bar{Y})^2} \times \frac{1}{n} \tag{4.4}$$

式中，Moran's I 表示全局莫兰指数，Local Moran's I 表示局部莫兰指数；Y_i 为区域 i 的观测值，Y_j 为区域 j 的观测值，n 为空间单元数量，$\bar{Y}$ 表示 n 个空间要素观测值的均值；$W_{i,j}$ 为空间权重矩阵，设置为地理经济嵌套权重空间矩阵。

1. 全局空间自相关结果分析

通过 Moran's I 来测度研究期内黄河流域碳排放空间关联程度，结果如表 4-3 所示。从表 4-3 可知，2003—2019 年黄河流域碳排放量的全局 Moran's I 均大于零，且除了 2003—2005 年，其余年份的正态统计量 Z 值均在 5% 水平下显著（即 $P < 0.05$），表明黄河流域碳排放呈显著的空间正相关，即存在高值（或低值）集聚。随时间变化，Moran's I 的值上下波动幅度较小，2003—2019 年大致呈"上升—下降—上升"的趋势，这说明黄河流域碳排放空间关联程度在研究期内表现出"增强—减弱—再增强"的现象。

表 4-3　2003—2019 年黄河流域碳排放量的全局 Moran's I 指数

年份	全局 Moran's I	Z 统计值	P
2003	0.056	1.356	0.088
2004	0.093	1.561	0.059
2005	0.091	1.580	0.057
2006	0.118	1.741	0.041
2007	0.107	1.707	0.044
2008	0.120	1.826	0.034
2009	0.134	1.942	0.026
2010	0.129	1.983	0.024
2011	0.131	1.871	0.031

年份	全局 Moran's I	Z 统计值	P
2012	0.141	1.977	0.024
2013	0.152	2.042	0.021
2014	0.149	2.058	0.020
2015	0.128	1.926	0.027
2016	0.124	1.928	0.027
2017	0.123	1.908	0.028
2018	0.128	1.865	0.031
2019	0.138	1.912	0.028

2. 局部空间自相关结果分析

黄河流域碳排放的局部空间自相关结果见图4-3。从图4-3中可知，黄河流域碳排放量的局部莫兰指数主要分布在第一、二、三象限中，2003—2013年局部莫兰指数不断上升，黄河流域9省份碳排放量的空间集聚趋势增强，2014—2017年局部莫兰指数下降，黄河流域9省份碳排放量的空间集聚趋势减弱，2018—2019年局部莫兰指数则再次上升。整体上黄河流域9省份碳排放的空间集聚程度在逐渐增强，主要表现为"高—高""低—高""低—低"的集聚特征。

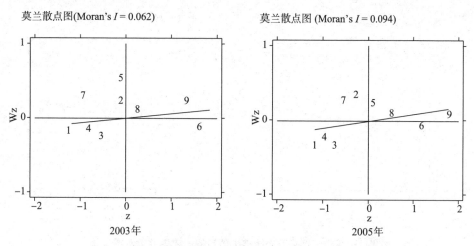

图4-3　部分年份黄河流域碳排放量的局部莫兰散点图

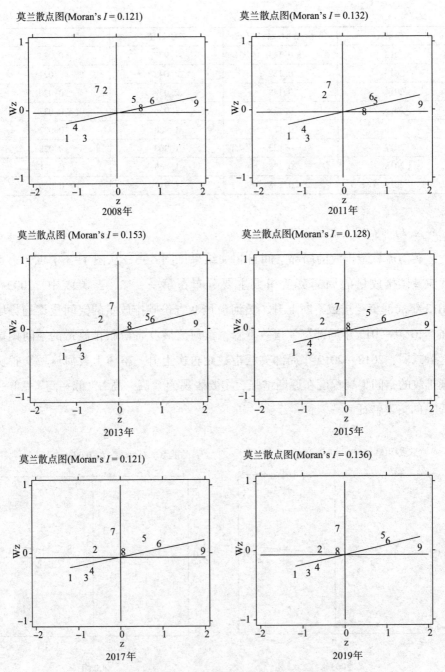

图4-3 部分年份黄河流域碳排放量的局部莫兰散点图（续）

注：①图中1~9数字依次表示青海、四川、甘肃、宁夏、内蒙古、陕西、山西、河南、山东。

其中，由于黄河流域中上游山西、陕西、内蒙古地区是中国主要能源基地，榆林、鄂尔多斯等市是继山西省的煤炭后备基地，随着煤炭工业的迅速发展及其粗放的经营模式与落后的技术水平，导致能源消耗大，碳排放表现为"高—高"集聚特征。"低—低"集聚则始终呈规模分布，且空间分布范围相对稳定，主要分布在甘肃、青海、宁夏地区，形成了"低—低"连绵区。甘肃、青海、宁夏地区主要位于青藏高原东侧及黄土高原西南侧，该地区生态环境约束性较强，人口稀少，中心城市自身发展不足且与周边城市联系不密切，致使其碳排放表现为"低—低"集聚。甘肃省作为西北工业重要地区，其碳排放属于长期稳定状态的"高—低"集聚特征。"低—高"集聚则没有表现出一定的规律性。

综上所述，黄河流域碳排放的重心位于流域的中下游地区，主要集中于河南、山东、内蒙古和山西4个省份，而其余省份的碳排放规模相对较小。根据碳排放量的大小，可将9个省份分为四大梯队。第一梯队为高水平区，包括山东和河南2个省份，其中山东是黄河流域碳排放量最大的省份，居于9省之首，且2个省份的碳排放量差距逐渐增大；第二梯队为中高水平区，包括内蒙古和山西省2个省份，2个省份的碳排放水平相当，但表现出由山西高于内蒙古转变为内蒙古高于山西的特征；第三梯队为中水平区，包括甘肃、陕西和四川3个省份，3个省份的碳排放水平相差不大，且各省年份间的增量空间较小，在前两个时间节点，均表现为甘肃低于陕西、陕西低于四川的排序特征，而在2019年由于四川碳排放的迅速下降，呈现出陕西最高、四川次之、甘肃最低的排位特征；第四梯队为低水平区，主要包括青海和宁夏2个省份，但宁夏的碳排放水平始终高于青海。

第二节　黄河流域的碳排放强度状况

一、碳排放强度的结果分析

根据公式计算出2003—2019年黄河流域上、中、下游及其9省份的碳排放强度结果，见表4-4。

表4-4 2003—2019 年黄河流域的碳排放强度结果　　单位：吨/万元

年份	青海	四川	甘肃	宁夏	内蒙古	黄河上游	山西	陕西	黄河中游	河南	山东	黄河下游	黄河流域
2003	1.46	1.01	2.09	4.36	2.36	1.65	4.86	1.32	3.17	1.03	0.94	0.98	1.52
2004	1.31	0.97	1.96	3.45	2.36	1.58	4.10	1.36	2.81	1.16	0.96	1.03	1.47
2005	1.40	0.88	1.86	3.44	2.28	1.52	3.86	1.37	2.70	1.14	1.09	1.10	1.46
2006	1.38	0.83	1.69	3.15	2.90	1.65	3.68	1.30	2.51	1.11	1.05	1.07	1.46
2007	1.32	0.76	1.59	2.76	1.88	1.31	3.10	1.17	2.16	1.01	0.97	0.99	1.27
2008	1.13	0.67	1.38	2.35	1.69	1.18	2.46	1.02	1.74	0.87	0.86	0.86	1.10
2009	1.08	0.67	1.27	2.30	1.60	1.14	2.42	0.99	1.67	0.82	0.82	0.82	1.05
2010	0.86	0.57	1.17	2.18	1.34	0.97	1.95	0.95	1.43	0.75	0.78	0.77	0.94
2011	0.82	0.47	1.11	2.34	1.50	0.98	1.87	0.85	1.33	0.71	0.71	0.71	0.90
2012	0.87	0.43	1.01	2.25	1.41	0.91	1.81	0.85	1.29	0.60	0.68	0.65	0.84
2013	0.85	0.40	0.94	2.17	1.29	0.84	1.78	0.80	1.23	0.54	0.59	0.57	0.77
2014	0.73	0.38	0.87	2.07	1.26	0.80	1.81	0.77	1.21	0.51	0.59	0.56	0.74
2015	0.64	0.31	0.85	2.03	1.24	0.74	2.07	0.75	1.30	0.45	0.61	0.55	0.73
2016	0.70	0.28	0.77	1.84	1.23	0.70	2.01	0.71	1.23	0.41	0.59	0.52	0.69
2017	0.66	0.24	0.75	2.09	1.46	0.71	1.78	0.65	1.12	0.36	0.57	0.49	0.66
2018	0.59	0.22	0.71	2.16	1.56	0.71	1.76	0.57	1.05	0.34	0.53	0.46	0.64
2019	0.59	0.20	0.68	2.32	1.74	0.70	1.82	0.59	1.08	0.28	0.59	0.45	0.64

（一）碳排放强度的时间演变特征

根据表4-4，绘制出 2003—2019 年黄河流域和上、中、下游地区以及黄河流域9省份的碳排放强度变化趋势图，如图4-4 和图4-5 所示。

从流域整体来看（见图4-4），2003—2019 年黄河流域的碳排放强度呈现出显著的下降趋势，2019 年碳排放强度为 0.64 吨/万元，与 2003 年相比，减少了 0.88 吨/万元。根据碳排放强度的下降幅度可以分为 3 个阶段。第一阶段：2003—2006 年呈缓慢下降趋势，2006 年碳排放强度相比 2003 年只下降了 0.06 吨/万元，年均下降率为 1.33%，该时期我国正处于工业化发展的中期阶

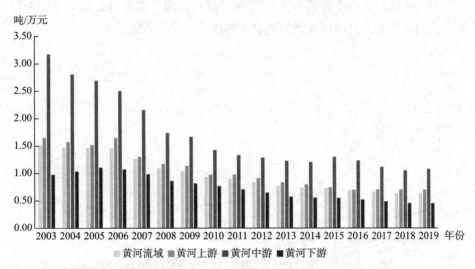

吨/万元

图4-4 黄河流域和上、中、下游地区的碳排放强度变化趋势

段，流域内各省份的经济增长均依赖于大规模的资源环境消耗，由此产生的碳排放量也较高。第二阶段：2007—2013年呈现出急剧下降的趋势，其间碳排放强度下降了0.50吨/万元，年均下降率为8%，这一时期，我国先后发布了《中国应对气候变化国家方案》和《"十二五"控制温室气体排放工作方案》，提出要综合利用多种措施有效控制温室气体排放，并加快建立以低碳排放为特征的产业体系，从而推动了流域碳排放强度的下降。第三阶段：2014—2019年呈缓慢下降趋势，此间的碳排放强度均低于1吨/万元，年均下降率为3.48%。

从不同流域段来看（见图4-4），黄河上、中和下游地区的碳排放强度演变趋势各具特色。黄河上游地区的碳排放强度表现为波动式下降，相较于2003年，2019年碳排放强度下降了0.95吨/万元，是流域中下降速度最快的区域。黄河中游地区的碳排放强度呈现出"前期（2003—2014年）快速下降，后期（2015—2019年）波动下降"的趋势，其中，2015年的碳排放强度相较前一年增加了0.09吨/万元，2019年相较前一年增加了0.03吨/万元。黄河下游地区的碳排放强度则以2005年为节点，表现出先上升后下降的态势，至2019年黄河下游地区的碳排放强度已下降到0.45吨/万元，相较于黄河中上游地区，黄河下游地区的经济基础较好，在产业升级、技术进步等因素的协同作用下，其碳排放强度更容易实现进一步的降低。

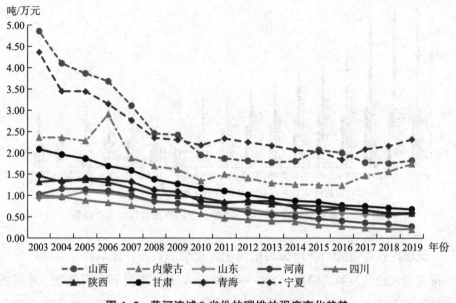

图4-5　黄河流域9省份的碳排放强度变化趋势

从省域层面来看（见图4-5），黄河流域9省份的碳排放强度变化趋势具有较大的差异性，但总体上看呈下降态势。其中，四川、河南和甘肃的碳排放强度表现出稳步下降的态势；山西、宁夏和内蒙古3省份的碳排放强度在2003—2016年呈大幅度波动式下降态势，2017年以后出现了上升趋势；山东和陕西在2005年之前碳排放强度是不断上升的，2005年之后开始下降；青海碳排放强度的下降趋势则较为平缓。从下降的幅度来看，山西下降速度最快，其2019年的碳排放强度相较于2003年下降了3.04吨/万元，年均下降率为5.95%；其次是宁夏，年均下降率达3.87%，从2003年到2019年，碳排放强度下降了2.04吨/万元；其他省份的下降速度则相对较缓慢。

（二）碳排放强度的空间演变特征

为了更直观地反映黄河流域碳排放强度的空间分布特征，本书选取了

2003 年、2009 年、2015 年和 2019 年这 4 个年份，借鉴其他学者的分类方式（刘汉初，2019），以这 4 年各省份碳排放强度平均数的 150%、100%、50% 为节点值，将其划分为高强度、中高强度、中低强度以及低强度四类区域（见表 4-5）。

表 4-5　黄河流域碳排放强度的分类情况

年份	低强度	中低强度	中高强度	高强度
2003	山东、河南、四川	甘肃、青海、陕西	内蒙古	宁夏、山西
2009	四川	山东、河南、甘肃、青海、陕西	内蒙古	宁夏、山西
2015	四川、河南	山东、甘肃、青海、陕西	内蒙古	宁夏、山西
2019	四川、河南、山东	甘肃、青海、陕西	—	内蒙古、宁夏、山西

由表 4-5 可看出，研究期内，黄河流域的碳排放强度呈现出"北高南低"的连片分布特征。2003 年，流域内有 3 个低强度区、3 个中低强度区、1 个中高强度区以及 2 个高强度区。其中，高强度区和中高强度区多分布于黄河上游和中游地区，黄河下游地区为低强度区聚集地。2009 年，随着工业化进程的加快，山东和河南两省从低强度区转变为中低强度区，在空间上呈带状分布，但其碳排放强度却处于平均水平之下。到 2015 年，河南深入贯彻落实农业供给侧结构性改革，实现了农业结构的优化升级，间接减少了农业领域的碳排放量，这使其从中低强度区又转变为低强度区，山西和宁夏则仍然是流域内的高强度区，这可能是由于其"一煤独大"的能源结构和粗放式工业增长模式限制了地区的低碳转型，经济发展在短时期内仍要依赖高碳能源的消耗。此时流域碳排放强度的类型区在空间分布上较为分散，黄河上、中、下游地区均存在两种及以上的强度类型区。相较于 2015 年，2019 年黄河流域碳排放强度在空间分布上显著呈现出"西北高、东南低"的特征，各种类型区连片分布的趋势愈加明显。其中，内蒙古由原来的中高强度区转变为高强度区，山东则从中低强度区下降至低强度区。总体来说，在黄河流域中，处于低强度类型区的省份较少，流域内碳减排工作还需要加大力度，尤其是需要

重点关注内蒙古、宁夏和山西 3 省份，其碳减排形势较严峻，在实现碳排放强度目标上任重道远。

二、碳排放强度的地区差异分析

（一）泰尔指数

泰尔指数是由信息理论中的熵概念提炼而来，能够衡量某一变量的空间差异性，它最大的优点是能将总体差异分解为组间差异和组内差异，从而了解差异主要是来自组间还是组内。泰尔指数的取值范围为 0～1，值越接近 1，说明变量的空间差异越大。计算公式如下所示：

$$T = \sum_{i=1}^{n} \frac{C_i}{C} \ln\left(\frac{C_i/C}{G_i/G}\right) = T_B + T_W \tag{4.5}$$

$$T_B = \sum_{j=1}^{m} \frac{C_j}{C} \ln\left(\frac{C_j/C}{G_j/G}\right) \tag{4.6}$$

$$T_W = \sum_{j=1}^{m} \frac{C_j}{C} \left(\sum_{i=1}^{n} \frac{C_{ji}}{C_j} \ln \frac{C_{ji}/C_j}{G_{ji}/G_j} \right) \tag{4.7}$$

式中，T、T_B、T_W 分别为总体差异、区域间差异和区域内差异的泰尔指数；n 表示省份个数，m 表示区域分组个数；i、j 分别表示第 i 省和第 j 区域；C 表示总碳排放量，C_i 和 C_j 分别表示第 i 省和第 j 区域的碳排放量，C_{ji} 表示第 j 区域中第 i 省的碳排放量；G 表示地区生产总值，G_i 和 G_j 分别表示第 i 省和第 j 区域的地区生产总值，G_{ji} 表示第 j 区域中第 i 省的地区生产总值。

（二）结果分析

运用泰尔指数探索黄河流域碳排放强度的空间差异演变特征，结果如图 4-6 所示。

2003—2019 年，黄河流域碳排放强度的总体空间差异呈现出 "V" 形的演变特征，差异先缩小后逐渐扩大，见图 4-6（a）。具体来说，2003—2010 年碳排放强度空间差异逐渐缩小，并于 2010 年达到最小值 0.08；2011—2019 年差异开始不断扩大，到 2019 年流域碳排放强度差异已达到 0.29，总体差异演变趋势波动较大。其中，区域间的差异波动相对来说较为平缓，表现为缓

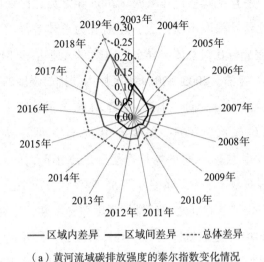

——区域内差异　——区域间差异　·····总体差异

（a）黄河流域碳排放强度的泰尔指数变化情况

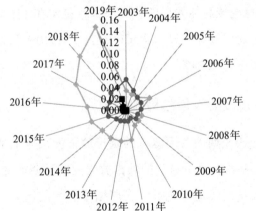

——黄河上游　——黄河中游　——黄河下游

（b）区域内碳排放强度的泰尔指数变化情况

图4-6　2003—2019年黄河流域碳排放强度的空间差异演变情况

慢增长的趋势，但增幅却低于前期的降幅，这说明区域间碳排放强度的差异扩张速度在后期略有缩减；区域内碳排放强度的空间差异在2003—2010年呈波动下降的态势，2010年后泰尔指数急速上升，相较于2010年，2019年的空间差异指数增加了0.18，后期增幅远高于前期的降幅，表明后期区域内的碳排放强度差异水平在不断扩大。从贡献率来看，2005年之前，黄河流域碳排放强度总体空间差异主要来自区域间，2005 年之后，区域内的碳强度差异指数超过区域间且差异程度不断拉大，逐渐成为总体差异的主要贡献者，至 2019 年区域内的差异分化对总体差异水平贡献率已高达 79.31%。

从图 4-6（b）来看，2003—2019 年区域内碳排放强度的空间差异格局经历了由"中游>上游>下游"向"上游>中游>下游"的演变。黄河上游地区的泰尔指数波动幅度较大，2003—2008 年其内部空间差异为 0.03～0.06，2009—2019 年则以年均 18.55% 的增长率呈现出逐年扩大的趋势，至 2019 年黄河上游地区的内部差异已占总体差异的 55.83%。黄河中游地区的泰尔指数以 2010 年为"分水岭"，在此之前碳排放强度差异不断缩小并于 2010 年达最低值，为 0.02，2010 年之后就进入匀速增长阶段，差距不断扩大。黄河下游地区内部的碳排放强度空间差异是最小的，研究期内差异水平变动趋势较平缓，2015 年之前对流域总体差异的贡献率基本稳定在 1% 以下，2015 年之后内部空间差异扩大趋势逐渐明显，从 0.003 上升到 2019 年的 0.02，此间对总体差异的平均贡献率为 4.24%。

三、碳排放强度的发展趋势预测

上述分析表明研究期内黄河流域的碳排放强度总体上呈下降态势，但基于省域层面来看，流域内部分省份的碳排放强度在后期表现出了上升的趋势，这无疑会给黄河流域后续的绿色低碳发展增添无形的压力，因此，进一步采用 ARIMA 模型对黄河流域 2020—2030 年的碳排放强度进行预测，以期为后续减排方案的制订提供依据。

（一）ARIMA 模型

整合移动平均自回归模型可以将非平稳时间序列差分至平稳序列，并通过随机变量的自相关性掌握其发展趋势，从而获得最优的拟合模型 ARIMA (p, d, q)，最后根据历史值对现在值和未来值进行预测。公式为

$$Y_t = \phi_1 Y_{t-1} + \cdots + \phi_p Y_{t-p} + \theta_1 e_{t-1} + \cdots + \theta_q e_{t-q} + \mu \qquad (4.8)$$

式中，ϕ 为 AR 系数，θ 为 MA 系数，μ 为残差项。

(二) 模型检验分析

本书采用 EViews8 软件对碳排放强度的时间序列数据进行单根性检验。结果见表 4-6。

表 4-6　黄河流域碳排放强度和模型残差的单根性检验结果

变量	ADF 检验	各显著水平下的临界值			检验结果
		1%	5%	10%	
Y	-4.418**	-2.718	-1.964	-1.605	平稳
残差	-2.968**	-2.728	-1.966	-1.605	平稳

注:** 表示在1%的水平下显著。

从表 4-6 中可以看出，Y 为平稳序列，不需要对原始数据进行差分。之后通过观察碳排放强度的自相关图和偏相关图，结合 AIC 最小准则得出最后的模型为 ARIMA (1, 0, 0)，计算公式如下：

$$Y_t = 0.013882 + 0.932249Y_{t-1} + \varepsilon_t \tag{4.9}$$

其中，模型 R^2 为 0.970，修正后的 R^2 为 0.968，$F = 454.609$，在1%的水平下显著，所以可以确定模型 ARIMA (1, 0, 0) 为最佳模型。再对模型的残差项进行单根性检验，结果见表 4-6，从表中可知残差项属于随机平稳序列，通过了白噪声检验，表明模型适用。

(三) 预测结果分析

对黄河流域 2009—2019 年碳排放强度的实际值与预测值进行比较，结果见表 4-7 所示。

表 4-7　2009—2019 年黄河流域碳排放强度实际值与预测值的比较

变量	2009 年	2010 年	2011 年	2012 年	2013 年	2014 年	2015 年	2016 年	2017 年	2018 年	2019 年
实际值 (吨/万元)	1.047	0.939	0.899	0.842	0.770	0.743	0.733	0.689	0.660	0.636	0.642
预测值 (吨/万元)	1.036	0.990	0.889	0.852	0.798	0.732	0.706	0.697	0.656	0.629	0.607
绝对误差 (吨/万元)	0.011	0.051	0.010	0.010	0.028	0.011	0.027	0.008	0.004	0.007	0.035
相对误差 (%)	1.05	5.43	1.11	1.19	3.64	1.48	3.68	1.16	0.61	1.10	5.45

从表 4-7 中可知，实际值与预测值两者间的偏差较小。其中，最大绝对误差仅为 0.051 吨/万元，最小绝对误差为 0.004 吨/万元；相对误差最大为 5.45%，最小为 0.61%。这说明了本书构建的 ARIMA 模型的误差是较合理的，可采用该模型对黄河流域 2020—2030 年的碳排放强度进行预测。

根据历史数据预测的碳排放强度隐含着影响因素的驱动规律，本书选择动态预测法预测黄河流域的碳排放强度，结果如表 4-8 所示。

表 4-8　2020—2030 年黄河流域碳排放强度的预测值　单位：吨/万元

变量	2020 年	2021 年	2022 年	2023 年	2024 年	2025 年	2026 年	2027 年	2028 年	2029 年	2030 年
预测值	0.604	0.577	0.552	0.528	0.506	0.486	0.467	0.449	0.432	0.417	0.403

从预测结果来看，2020—2030 年黄河流域的碳排放强度呈下降趋势，年均下降率为 3.97%，其呈现的变化规律与 2009—2019 年黄河流域的碳排放强度数据规律基本相符，说明预测的数据具有一定合理性。2030 年黄河流域的碳排放强度预测结果为 0.403 吨/万元，与 2005 年相比，下降了 1.057 吨/万元，下降率为 72.40%。这意味着推动高质量发展能够对黄河流域的碳排放起到较好的抑制作用。

第三节　黄河流域碳排放强度的驱动因素

一、变量选取与数据来源

在碳排放强度的驱动因素研究中，本书遴选了 6 个因变量：人口规模、经济发展水平、产业结构、能源消费结构、能源强度和城市化。

（一）人口规模

人口规模的变化将会带动社会劳动力供给总量、结构和投资的变化，从而影响产业发展及其相关联的能源消费结构和社会总产出，对碳排放强度起到一定驱动作用。

（二）经济发展水平

经济发展初期即工业化阶段对于高碳能源的消耗依赖程度较高，由此产生的碳排放量也较高，但当经济发展到一定阶段，技术、制度和经济结构将发生转型升级，由此可能会使碳排放量在一定程度上减少，也有利于碳排放强度的下降。

（三）产业结构

产业结构的变化不仅影响经济增长，也影响能源结构和二氧化碳的排放，如果碳排放量大的产业在国民经济中占有较大比重且发展速度较快，就容易导致碳排放强度的上升。

（四）能源消费结构

能源是国民经济重要的生产要素，二氧化碳的排放主要来源于化石能源的燃烧，因此，能源消费结构的变化对二氧化碳排放具有重要影响，尤其是煤炭消费量的变化将会对碳排放强度起决定性作用。

（五）能源强度

能源强度表示能源效率的高低，技术进步在推动能源强度降低的同时有利于降低二氧化碳的排放，提高经济发展质量，从而降低碳排放强度。

（六）城市化

城市化水平的提高会扩大城市规模并对资源配置产生一定的影响，一方面城市化会增加能源消费和碳排放量，带来环境污染压力；另一方面对于欠发达地区而言，城市化进程有助于促进该地区产业结构优化转型，从而改善环境，降低碳排放强度。

各变量具体衡量指标见表4-9。为了确保所选因变量的合理性和科学性，运用相关性分析了这6个变量与碳排放强度之间的相关程度。由表4-9中的相关性结果可知，除了人口规模、产业结构与碳排放强度呈中度相关外，其他变量与碳排放强度呈高度相关，且都通过了显著性检验，说明变量的选取是较合适的。

表4-9　变量描述与相关性分析结果

名称	代表符号	指标定义	单位	数据来源	相关性结果
人口规模	P	年末总人口数	万人	2004—2020年《中国统计年鉴》	-0.649**
经济发展水平	A	GDP	亿元	2004—2020年《中国统计年鉴》	-0.962**
产业结构	I	第二产业产值/地区生产总值	%	2004—2020年《中国统计年鉴》	0.562*
能源消费结构	E	煤炭消费量/能源消费总量	%	由2004—2020年《中国能源统计年鉴》中的相关数据整理得出	0.964**
能源强度	Q	能源消耗总量/地区生产总值	%	由2004—2020年《中国能源统计年鉴》中的相关数据整理得出	0.901**
城市化	U	城市人口数/年末总人口数	%	2004—2020年《中国统计年鉴》	-0.995**

注：*、**分别表示相关性在5%、1%水平下显著。

二、地理探测器

地理探测器能够检验变量的空间分异性与耦合性，寻找因变量的解释变量并揭示自变量在多大程度上影响了因变量，主要分为风险、因子、生态和交互作用4个探测器（王劲峰，2017）。本书运用该方法识别影响黄河流域碳排放强度的主要驱动因素，并探究各因素间的交互作用驱动力。公式如下：

$$q = 1 - \frac{1}{R\sigma^2}\sum_{l=1}^{L} R_l \cdot \sigma_l^2 \tag{4.10}$$

式中，q为探测因子X的探测力值，R为研究区的数量，L为驱动因素X的分类数，R_l表示第l类子区域中的省域数量，σ^2表示全区的方差，σ_l^2表示探测因子在第l类子区域的方差。q的取值范围为$[0, 1]$，q值越接近1，说明因素X对于碳排放强度的驱动力越大。

三、单个驱动因素作用强度分析

本书分别对黄河流域、黄河上游、黄河中游及黄河下游地区碳排放强度的驱动因素进行了分析。在对各影响因素的数据进行离散化处理的基础上，利用地理探测器得到的探测结果如表4-10所示。

表 4-10　黄河流域碳排放强度的驱动因素探测结果

因素	黄河流域	黄河上游	黄河中游	黄河下游
人口规模	0.146	0.097	0.796 **	0.873 **
经济发展水平	0.891 **	0.890 **	0.796 **	0.873 **
产业结构	0.285	0.277	0.372	0.686 **
能源消费结构	0.770 **	0.913 **	0.801 **	0.674 **
能源强度	0.942 **	0.943 **	0.856 **	0.898 **
城市化	0.891 **	0.890 **	0.796 **	0.873 **

注：** 表示显著性水平小于 0.01。

从整体来看，经济发展水平、能源消费结构、能源强度以及城市化是影响黄河流域碳排放强度的主要因素。其中，能源强度的驱动效果最显著，其次是经济发展水平和城市化，能源消费结构的驱动力最小。聚焦于黄河上、中、下游地区碳排放强度的驱动因素可以发现，不同流域段的驱动因素及其解释力大小也各具差异性。在黄河上游地区，经济发展水平、能源消费结构、能源强度及城市化通过了显著性检验；在黄河中游地区，除了上述 4 个因素外，人口规模也通过了显著性检验，并且对碳排放强度存在负向影响；在黄河下游地区，人口规模、经济发展水平、产业结构、能源消费结构、能源强度和城市化都会对其碳排放强度产生影响。

（1）人口规模对于黄河中、下游地区的碳排放强度具有显著的驱动力，即人口规模的扩大有利于降低碳排放强度。黄河中下游地区地势平坦、气候适宜、经济基础良好，具备人口集聚的前提条件。近几年人才争夺战的开展为西安、郑州、青岛等城市吸引了众多高质量人才，进一步优化了黄河中下游地区的人口结构，而劳动力的增加势必带来更多的生产力，在就业充分的条件下，社会总产出提高，这对于促进碳排放强度降低具有较大的推动作用。

（2）经济发展水平对黄河流域及上、中、下游地区的碳排放强度具有显著影响，说明黄河流域的碳排放强度会随着经济发展水平的提高而下降。近年来，黄河流域在国家的战略指导和政策帮扶下，积极推动流域经济的绿色转型并逐渐降低经济发展对高碳能源消耗的依赖，带动了经济发展质量的提升以及技术与制度管理的进步，在生产效率改进与社会总产出增加的背景下，流域整体的碳排放强度也进一步降低。

（3）产业结构对黄河下游地区的碳排放强度具有正向驱动作用，第二产业产值占比越低，碳排放强度就越低。在高质量发展战略机遇下，黄河下游地区的山东省和河南省通过发挥其地理优势和资源禀赋，加速推动了产业结构的低碳化、技术化和绿色化转型，促进新旧动能转化，逐渐打破了第二产业产值占 GDP 比重过半数的局面，低污染、低排放产业的集聚也削弱了经济增长中产生的碳排放，进一步推动了地区碳排放强度的下降。

（4）能源消费结构对黄河流域及上、中、下游地区的碳排放强度的驱动作用显著，即煤炭消费占比越高，碳排放强度也越高。黄河中上游地区煤炭资源丰富，各省份在推动经济发展中对煤炭的消费需求较高，尤其是山西、内蒙古、宁夏 3 省份，以煤为主的能源消费结构短时间难以改变，这也使这 3 个省份的碳排放量居高不下，因此，能源消费结构对黄河上游和中游地区碳排放强度的驱动力都较大，分别为 0.913 和 0.801。

（5）能源强度对黄河流域及上、中、下游地区的碳排放强度的正向驱动作用最强，能源强度的下降能有效推动碳排放强度的下降。在科技飞速发展的时代背景下，各种能源技术的更新和成熟使能源利用效率得到提升，从而避免了不必要的能源消耗，也促进了能源强度和碳排放强度的降低。能源强度对黄河上游地区的碳排放强度驱动力最强，这说明相关部门要注重对黄河上游各省份的技术扶持以实现其能源强度的降低。

（6）城市化对黄河流域及上、中、下游地区的碳排放强度具有显著影响，黄河流域的碳排放强度会随着沿黄各省份城市化水平的提高而下降。在西部大开发战略和中部崛起计划的陆续实施下，黄河流域各省份的城市化进程不断加快，大部分省份的城市化水平进入了中后期阶段，大量劳动力的涌入为经济发展和区域技术进步提供了人才储备，也为区域能源综合效率的提升和碳排放强度的降低奠定了基础。

四、驱动因素的交互作用分析

在分别对人口规模（P）、经济发展水平（A）、产业结构（I）、能源消费结构（E）、能源强度（Q）、城市化（U）这6个单因素的作用强度进行分析后，进一步探索因素间的交互驱动作用，从表4-11来看，黄河流域与黄河上、中、下游地区的任意两个驱动因子的交互结果都为双因子增强，这意味着任意两变量协同产生的驱动力都比单个变量对碳排放强度的驱动力高。具体来说，在黄河流域中，$A\cap Q$ 和 $Q\cap U$ 的交互作用最强，$A\cap U$ 的交互作用最弱，其中包含能源消耗强度的关键交互因子在黄河流域碳排放强度空间分异中产生的叠加交互效应会更加明显。在黄河上游地区，$A\cap E$ 与 $E\cap U$ 以及 $A\cap Q$ 与 $Q\cap U$ 产生的交互结果是一致的，能源消费结构的优化与能源利用效率的提高会促进经济良性发展，城市化的提高则加速了城市人口集聚，双方在交互作用中共同推动人均碳排放量降低。在黄河中游地区，$P\cap E$、$P\cap Q$、$A\cap E$、$A\cap Q$、$E\cap U$、$Q\cap U$ 对碳排放强度的交互探测力最高且探测值都为0.906，其他因子的交互作用则相对较低。在黄河下游地区，$I\cap Q$ 的交互值高达0.953，这说明产业结构与能源强度的交互作用对碳排放强度的影响非常大，在产业结构趋向于低碳化的情形下，提高能源利用效率能够有效降低碳排放强度。上述研究表明，黄河流域在后续的碳减排工作部署中还需要特别注重流域内各方面的协同治理。

表4-11　黄河流域碳排放强度的影响因素交互作用探测结果

两因子交互	交互值				值对比	交互结果
	黄河流域	黄河上游	黄河中游	黄河下游		
$A\cap E$	0.915	0.914	0.906	0.919	>max (A, E)	双因子增强
$A\cap Q$	0.961	0.961	0.906	0.933	>max (A, Q)	双因子增强
$A\cap U$	0.897	0.896	0.809	0.881	>max (A, U)	双因子增强
$E\cap Q$	0.958	0.959	0.893	0.972	>max (E, Q)	双因子增强
$E\cap U$	0.915	0.914	0.906	0.919	>max (E, U)	双因子增强
$Q\cap U$	0.961	0.961	0.906	0.933	>max (Q, U)	双因子增强
$P\cap A$	—	—	0.809	0.881	>max (P, A)	双因子增强
$P\cap E$	—	—	0.906	0.919	>max (P, E)	双因子增强
$P\cap Q$	—	—	0.906	0.933	>max (P, Q)	双因子增强
$P\cap U$	—	—	0.809	0.881	>max (P, U)	双因子增强

两因子交互	交互值				值对比	交互结果
	黄河流域	黄河上游	黄河中游	黄河下游		
$P \cap I$	—	—	—	0.923	>max (P, I)	双因子增强
$A \cap I$	—	—	—	0.923	>max (A, I)	双因子增强
$I \cap E$	—	—	—	0.774	>max (I, E)	双因子增强
$I \cap Q$	—	—	—	0.953	>max (I, Q)	双因子增强
$I \cap U$	—	—	—	0.923	>max (I, U)	双因子增强

第四节　小结

本章对黄河流域碳排放强度的时刻演变和驱动因素进行了研究，结果表明：第一，2003—2019 年黄河流域碳排放强度呈显著下降趋势，2019 年碳排放强度为 0.64 吨/万元，与 2003 年相比减少了 0.88 吨/万元。其中，四川、河南、甘肃和青海表现为稳步下降，山西、宁夏和内蒙古呈现出先下降后上升的趋势，山东和陕西则表现出先上升后下降的态势。第二，从空间分布来看，2003—2019 年黄河流域碳排放强度呈现出"北高南低"的连片分布特征。高强度区多出现在黄河上游和中游地区，下游地区则多为中低强度区，其中，山西、宁夏、内蒙古为"高—高"集聚区，四川、山东、河南为"低—低"集聚区。第三，黄河流域碳排放强度的空间差异呈现出"缩小—扩大"的演变趋势，2003—2010 年碳排放强度空间差异逐渐缩小，2011—2019 年差异开始不断扩大。区域内差异是总体差异的主要来源，区域内碳排放强度空间差异格局经历了由"中游>上游>下游"向"上游>中游>下游"的演变。第四，根据预测结果，在高质量发展背景下，黄河流域 2020—2030 年的碳排放强度将实现稳步下降趋势。2030 年黄河流域的碳排放强度预测结果为 0.403 吨/万元，与 2005 年相比下降了 1.057 吨/万元，下降率为 72.40%。第五，经济发展水平、能源消费结构、能源强度和城市化是黄河流域碳排放强度的主要驱动因素。除此之外，人口规模对黄河中下游地区的碳排放强度具有显著影响，产业结构对下游地区碳排放强度的驱动力显著。任意两因素交互后对碳排放强度的驱动力均会明显提升，这表明黄河流域在后续的碳减排工作部署中需要特别注重流域内各方面的协同治理。

第五章 黄河流域碳排放效率的区域差异、收敛性及影响因素

2021 年 10 月 22 日，习近平总书记在黄河流域生态保护和高质量发展座谈会上强调，黄河流域要坚定走绿色发展道路，推动流域经济发展质量变革、效率变革和动力变革。碳排放效率，是指在社会生活中由碳排放所带来的收益，本质是通过增加大气中碳元素的容量带来经济效益和社会效益。目前，黄河流域在短期内对于矿产资源尤其是煤炭的需求还难以大量缩减，黄河流域的碳减排压力较大。碳排放效率不仅是连接区域经济产出与碳排放量的桥梁，也是衡量区域绿色低碳发展的关键指标。本章将研究黄河流域碳排放效率的区域差异、收敛性及影响因素，从效率层面助力黄河流域"双碳"目标的实现，推动黄河流域的生态环境保护和高质量发展。

第一节 黄河流域碳排放效率的情况

本书测算的是全要素碳排放效率，选取的投入指标为能源消费、资本存量和劳动力，期望产出指标为地区生产总值，非期望产出指标为碳排放量。

其中，资本存量由永续盘存法计算得出，折旧率参考单豪杰[1]的研究成果，设定为 10.96%。

一、超效率 SBM 模型

SBM 模型最初由 Tone[2] 提出，它解决了松弛变量与非期望产出问题，在生态效率与环境效率评价中得到大量应用。但由于其难以区分有效决策单元之间的差异，Tone 结合 Andersen 等[3]提出的超效率模型进一步构建了超效率 SBM 模型，从而使其能够确定处于前沿面的决策单元有效率。目前该模型已被大量应用在生态效率与环境效率的评价中。本书选用该模型对黄河流域的碳排放效率进行测算和分析，计算公式为

$$\rho = \min \frac{1 - \frac{1}{N} \sum_{n=1}^{N} s_n^x / x_{kn}^t}{1 + \frac{1}{M+I} \left(\sum_{m=1}^{M} s_m^y / y_{km}^t + \sum_{i=1}^{I} s_i^b / b_{ki}^t \right)} \tag{5.1}$$

$$\text{s.t.} \sum_{t=1}^{T} \sum_{k=1, k \neq K}^{K} z_k^t x_{kn}^t + s_n^x = x_{kn}^t, \ n = 1, \cdots, N \tag{5.2}$$

$$\sum_{t=1}^{T} \sum_{k=1, k \neq K}^{K} z_k^t y_{km}^t - s_m^y = y_{km}^t, \ m = 1, \cdots, M \tag{5.3}$$

$$\sum_{t=1}^{T} \sum_{k=1, k \neq K}^{K} z_k^t b_{ki}^t + s_i^b = b_{ki}^t, \ i = 1, \cdots, I \tag{5.4}$$

$$z_k^t \geq 0, s_n^x \geq 0, s_m^y \geq 0, s_i^b \geq 0, \ k = 1, \cdots, K$$

式中，ρ 为碳排放效率值；N、M 和 I 分别为投入指标、期望产出指标和非期望产出指标的个数；x 为投入指标；y 为期望产出；b 为非期望产出；t、k 分别为各年份和地区；z 为强度变量；(s_n^x, s_m^y, s_i^b) 为第 n 个投入、第 m 个

---

[1]　单豪杰. 中国资本存量 K 的再估算：1952—2006 年 [J]. 数量经济技术经济研究，2008，25（10）：17-31.

[2]　TONE K. A slacks-based measure of super-efficiency in data envelopment analysis [J]. European Journal of Operational Research，2001，143（1）：32-41.

[3]　ANDERSEN P，PETERSEN N C. A procedure for ranking efficient units in data envelopment analysis [J]. Management Science，1993，39（10）：1261-1264.

期望产出与第 i 个非期望产出的松弛向量；$(x_{kn}^t, y_{km}^t, b_{ki}^t)$ 为在 t 年份第 k 地区的投入产出向量。

二、碳排放效率结果分析

运用 Matlab 软件测算了 2005—2019 年黄河流域的碳排放效率，结果见表 5-1。

表 5-1　2005—2019 年黄河流域碳排放效率情况

年份	黄河流域	上游地区					中游地区		下游地区	
		青海	四川	甘肃	宁夏	内蒙古	陕西	山西	河南	山东
2005	0.728	0.530	1.102	0.470	0.384	1.060	0.683	1.017	1.032	1.086
2006	0.723	0.549	1.119	0.479	0.391	1.093	0.755	1.009	1.018	1.087
2007	0.749	0.556	1.120	0.500	0.425	1.134	0.779	1.017	1.007	1.071
2008	0.755	0.536	1.122	0.541	0.466	1.180	0.801	1.015	0.836	1.067
2009	0.748	0.539	1.096	0.530	0.457	1.194	0.799	0.555	0.815	1.068
2010	0.781	0.577	1.134	0.607	0.489	1.203	1.004	0.601	0.848	1.057
2011	0.776	0.595	1.200	0.606	0.495	1.214	1.016	0.611	0.811	1.068
2012	0.780	0.607	1.164	0.576	0.492	1.198	1.019	0.587	1.001	1.063
2013	0.743	0.576	1.160	0.524	0.464	1.144	0.849	0.525	0.800	1.073
2014	0.743	0.579	1.159	0.532	0.447	1.110	0.856	0.491	0.809	1.067
2015	0.733	0.520	1.193	0.547	0.433	1.094	0.843	0.470	1.003	1.065
2016	0.721	0.503	1.199	0.504	0.426	1.067	0.835	0.448	1.011	1.062
2017	0.697	0.466	1.208	0.450	0.402	1.007	0.879	0.508	1.015	1.041
2018	0.686	0.475	1.220	0.442	0.387	1.012	0.926	0.516	1.013	1.027
2019	0.636	0.465	1.205	0.400	0.383	1.013	1.039	0.475	1.028	1.005
均值	0.733	0.538	1.160	0.514	0.436	1.115	0.872	0.656	0.936	1.060

由表 5-1 可知，2005—2019 年黄河流域整体碳排放效率水平不高，除内蒙古、山东和四川的碳排放效率均值大于 1 外，其他 6 个省（区）的碳排放效率均值均小于 1，即处于 DEA 无效状态，这说明了黄河流域在能源消耗中存在无效的二氧化碳产出，整体上仍具有较大的节能减排潜力和碳排放效率提升空间。

（一）时间维度

从时间维度来看，黄河流域的碳排放效率在 2005—2019 年呈现出"波动上升—逐渐下降"的态势。以 2012 年为节点，可以分为两个阶段。第一阶段为 2005—2012 年，碳排放效率表现出波动上升的趋势。这是由于该时期黄河流域正处于低碳发展的重要转型期，低碳化发展理念贯穿流域经济社会发展的各个方面，随着化石能源消耗绝对量下降、森林碳汇规模逐年扩大等，碳排放强度实现了下降，各省份的碳排放效率也由此提高。第二阶段为 2013—2019 年，碳排放效率呈现出逐渐下降的态势。该时期黄河流域各省份正处于工业化中后期阶段和城市化加速阶段，对于高碳能源的消耗需求仍然较大，且长期以来形成的高碳发展模式具有典型的"路径依赖"特征，在短时间内不易转变，后续碳排放效率提速较为乏力。

（二）空间维度

从空间维度来看，黄河流域内各省份的碳排放效率差异较大，呈现出"上游<中游<下游"的阶梯式分布格局。以 2019 年为例，黄河流域下游地区的山东、河南 2 省的碳排放效率约是上游地区的青海、甘肃、宁夏 3 省份的 2 倍。黄河上游地区仅有四川和内蒙古的碳排放效率大于 1，甘肃、青海和宁夏的碳排放效率则都低于 0.5，这 3 个省份属于经济发展欠发达地区，产业结构偏能偏重，技术条件落后，碳要素投入的产出效能受此局限。黄河中游地区只有陕西的碳排放效率大于 1，该省较好的经济基础与充足的物质条件为能源的高效利用提供了有力支撑，间接为碳排放效率的提高创造了条件；而山西是煤炭大省，随着固定资产投资的增加，重工业发展速度加快，能源消耗速度超过了经济增长速度，致使其碳排放效率情况不理想。黄河下游地区的山东和河南是黄河流域内碳排放效率相对较高的省份，这些地区是典型的高投入、高产出区域，产业结构体系相对完善、技术市场稳定，能源消耗中的碳产出效益较好。

第二节　黄河流域碳排放效率的区域差异

一、动态差异演变分析

为了分析研究期内的动态分布演进趋势，本书描绘出黄河流域部分年份碳排放效率的核密度曲线，见图 5-1。

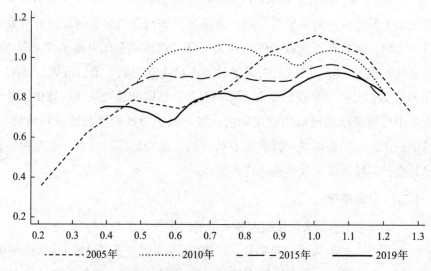

图 5-1　黄河流域部分年份碳排放效率的核密度曲线

注：核密度＝伊潘涅切科夫核函数，频宽＝0.1725。

从图 5-1 中可以看出，研究期内，黄河流域碳排放效率的区域差异经历了"上升—下降"的演变过程。具体而言，2010 年核密度估计曲线峰值相比 2005 年有所下降，密度函数中心明显向左移动，宽度拉大，这一方面说明黄河流域碳排放效率整体呈下降态势，另一方面表明区域差异有一定程度扩大趋势。2015 年核密度估计曲线存在较大幅度的右拖现象，其分布延展性呈现一定程度的拓宽趋势，这意味着全流域范围内碳排放效率高的省份与平均水平差距持续拉大。与 2015 年相比，2019 年峰值有所下降且密度函数中心轻微向右移动，宽度变窄，这说明此阶段黄河流域碳排放效率的区域差异呈下降态势，部分省份增速可能存在一定的加快现象。从分布形态来看，2019 年碳排放效率分布曲线存在多峰结构，说明各省份碳排放效率"多极分化"现象明显。探究其变化原因可能是，黄河流域的碳生产力随着近年来经济社会和科学技术的快速发展取得了明显提升，碳排放效率较低的省份通过财政支持、技术支持、区域合作、政策倾斜等方式快速追赶碳排放效率较高的省份，两者之间的差距呈现出缩小趋势。

二、区域差异结果分析

本书利用泰尔指数分析黄河流域碳排放效率的区域差异，并根据其分解方法对黄河流域碳排放效率的差异结构及其主要来源进行剖析，结果见图 5-2 和图 5-3。

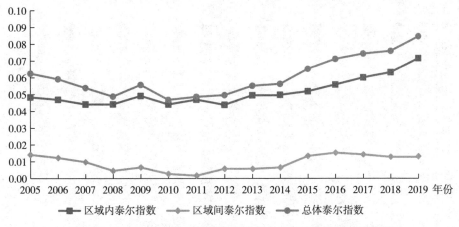

图 5-2 2005—2019 年黄河流域碳排放效率的泰尔指数变化趋势

从图 5-2 中可知，2005—2019 年，黄河流域碳排放效率的总体泰尔指数呈现出"W"形的演变趋势，2005—2007 年碳排放效率差距逐年缩小，2008—2010 年碳排放效率差距先扩大后缩小，2011—2019 年则呈逐步扩大的趋势。总体来看，样本期内黄河流域碳排放效率的差距在逐渐拉大，总体泰尔指数从 2005 年的 0.062 波动上升至 2019 年的 0.085，上升率达 37.1%。这主要是由于流域内低碳排放效率地区的效率提升速度相对于高碳排放效率地区来说较慢，从而整体上拉大了黄河流域碳排放效率的区域差异。黄河流域区域内碳排放效率的泰尔指数同总体泰尔指数的变化趋势较为一致，呈波动上升趋势，泰尔指数从 2005 年的 0.048 上升至 2019 年的 0.072，上升率达 50%。黄河流域区域间碳排放效率的泰尔指数变动则相对较为平缓，基本在 0~0.02 这一区间内波动，2005—2011 年碳排放效率差距逐渐缩小，2012—2019 年差距在波动扩大。由此可知，不管是从省际层面还是区际层面来看，黄河流域碳排放效率的差异基本都在逐渐拉大，且区域内差异相对于总体差异的扩大速度更快。对比黄河流域区域内和区域间碳排放效率的泰尔指数不难发现，区域内碳排放效率的泰尔指数数值更大，约占总体碳排放效率泰尔指数的 80%，这说明黄河流域区域内碳排放效率的差异是构成黄河流域总体碳排放效率差异的主要来源。

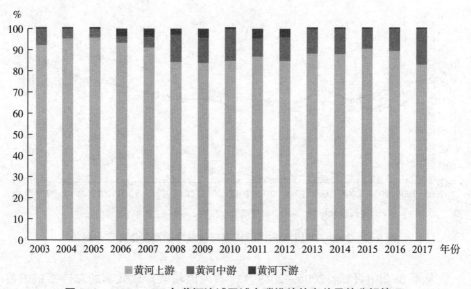

图 5-3　2003—2017 年黄河流域区域内碳排放效率差异的分解情况

　　由图 5-3 可知，黄河流域区域内碳排放效率差异的贡献率中，黄河上游地区的贡献率最大，下游地区的贡献率最小。2003—2017 年黄河上游地区的平均贡献率达 88.82%，这说明黄河上游地区碳排放效率的内部差距较大程度稀释了区域内碳排放效率的差异，也是造成黄河流域区域内碳排放效率差异的主要原因。因此，加强黄河上游地区各省份在资源利用、节能减排技术等方面的合作和交流，是减小黄河流域区域内碳排放效率差异的重中之重。从时间变化趋势看，黄河上游地区的差异贡献率有所下降，说明黄河上游各省份的碳排放效率差距出现了缩小的迹象；黄河中游地区的差异贡献率在研究期内有所上升，贡献率在研究中后期基本达 10% 以上，这说明了山西和陕西 2

省在经济发展过程中，碳排放效率逐渐出现了差距；黄河下游地区碳排放效率差异的贡献率在2008—2014年有所上升，其他年份则基本无变化，这是因为山东和河南两省的能源投入产出比差异不大，碳排放效率水平基本相当。总体而言，2003—2017年黄河上游地区碳排放效率差异的贡献率在区域内占据主导地位，贡献率始终在80%以上；黄河中游地区碳排放效率差异的贡献率基本保持在3%与17%之间，在3个区域中占据第二位；黄河下游地区碳排放效率差异的贡献率均较低，始终保持在5%以下。

第三节　黄河流域碳排放效率的收敛性

一、收敛性分析方法

在收敛性分析中，本书采用 σ 收敛和绝对 β 收敛来探讨黄河流域碳排放效率差距的演变情况。其中，σ 收敛是指各省份碳排放效率的差距会随着时间推移呈现持续下降的过程，运用变异系数来进行检验，见式（5.5）。绝对 β 收敛是指各省份在具有基本相同的经济特征前提下，碳排放效率随着时间推移会收敛至同一稳态水平，见式（5.6）。

$$\sigma = \frac{\sqrt{\dfrac{1}{n-1}\sum_{i=1}^{n}(E_i^t - \overline{E_t})^2}}{\overline{E_t}} \tag{5.5}$$

$$\ln(E_i^t / E_i^1) = \alpha + \beta \ln E_i^1 + \theta_i^t \tag{5.6}$$

式中，n 为区域个数；E_i^t 为第 t 年 i 地区的碳排放效率；$\overline{E_t}$ 为第 t 年 n 个地区碳排放效率的均值；E_i^1 为第1期 i 地区的碳排放效率；α 为常数项；θ 为随机误差项；β 为基期碳排放效率的系数。当 $\sigma_{t+1} < \sigma_t$ 时，说明该区域碳排放效率的离散程度在缩小，存在 σ 收敛。当 β 为负且通过了显著性检验时，说明该区域碳排放效率存在绝对 β 收敛特征，反之则为发散特征。

二、收敛性结果分析

（一）σ 收敛检验

为了进一步验证黄河流域碳排放效率的差异演变趋势，本章通过式（5.5）计算了 2005—2019 年黄河流域及上、中、下游地区碳排放效率的变异系数，结果如图 5-4 所示。

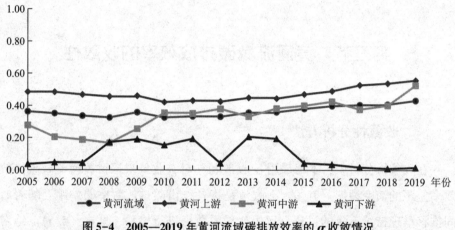

图 5-4　2005—2019 年黄河流域碳排放效率的 σ 收敛情况

从图 5-4 中可知，黄河流域碳排放效率的变异系数总体表现出"小幅下降—上下波动—稳步上升"的趋势，这与黄河流域碳排放效率泰尔指数的变化趋势基本相似。研究期内黄河流域碳排放效率的变异系数在 2005—2008 年呈现出小幅度的下降态势，2009—2013 年变异系数波动上升，2014—2019 年则呈现出稳步上升的趋势。这说明黄河流域的碳排放效率在研究前期出现了 σ 收敛特征，后期各省份之间碳排放效率差距的离散程度在不断扩大，不存在 σ 收敛。

具体到三大区域层面，黄河上、中、下游地区碳排放效率的变异系数演变趋势表现各异。其中，黄河上游地区碳排放效率的变异系数演变趋势与黄河全流域的变化趋势相对一致，2005—2010 年变异系数呈小幅度下降趋势，2010 年后逐渐趋于稳定上升的演变态势，2019 年其变异系数相较于 2005 年上升了 0.113,升幅约为 25.45%。黄河中游地区碳排放效率的变异系数大体上呈现出"急速下降—急速上升—上下波动—小幅下降—反弹回升"的变化过程,2005—2008 年为急速下降阶段,之后 2 年出现了反弹,2011—2017 年为上下平缓波动阶段,2017 年之后上升态势渐趋显现。黄河下游地区碳排放效率的变异系数在研究期内表现出"小幅上升—波动上升—明显下降—反弹上扬—急速下降—趋缓下降"的变化过程,其中,2005—2007 年呈小幅度上升,2008—2015 年变异系数值波动浮动较大、上下变动不规律,2016—2019 年则呈现出稳步下降的趋势;2019 年其变异系数相较于 2013 年下降了近 0.190,降幅显著,说明了黄河下游各省份的碳排放效率差距具有缩小的迹象。整体来看,黄河上、中、下地区的碳排放效率的 σ 收敛特征不明显。

(二) 绝对 β 收敛检验

本书根据式 (5.7) 得出了黄河流域碳排放效率的绝对 β 收敛结果 (见表 5-2)。从整体来看,2005—2019 年,黄河流域碳排放效率的 β 值为 -0.308,且通过了显著性检验,这说明黄河流域的碳排放效率存在绝对 β 收敛现象,即各区域在相似的经济发展水平、区域开放程度、技术产业发展水平等因素情形下,黄河流域各省份的碳排放效率随着时间推移最终会收敛至同一稳态水平,区域间碳排放效率差距也会随着时间推移逐渐缩小。

表 5-2 黄河流域碳排放效率绝对 β 收敛结果

	β	R^2	P
黄河流域	-0.308	0.138	0.000
黄河上游	-0.054	0.034	0.115
黄河中游	-2.169	0.711	0.000
黄河下游	1.450	0.211	0.011

从三大区域来看,黄河上游地区的 β 值为负数但未通过显著性检验,这说明黄河上游地区的碳排放效率不存在绝对 β 收敛,上游地区各省份的碳排放效率并不会随着时间推移收敛至同一稳态水平。黄河中游地区的 β 值为 -2.169,且通过了显著性检验,这说明在山西和陕西 2 省中,较低碳排放效

率的省份具有比高碳排放效率的省份更快的提升速度，2省间的碳排放效率差距呈现减小态势。黄河下游地区的 β 值为 1.450，且通过了显著性检验，这意味着山东和河南2省间的碳排放效率具有发散性，碳排放效率差距存在进一步扩大的可能。

总体来说，黄河流域碳排放效率的差异变动在 σ 收敛和绝对 β 收敛检验中出现了不同的演变趋势。在 σ 收敛检验中，黄河全流域及黄河上中游地区的碳排放效率在研究前期出现了 σ 收敛特征，后期则显示出离散特征，即碳排放效率的差距在不断扩大，其中，黄河中游地区的离散速度显然要高于黄河上游地区。在绝对 β 收敛检验中，黄河流域和黄河中游地区出现了绝对 β 收敛特征，即在不考虑地区间存在的经济发展水平、区域开放程度、技术产业发展水平等一系列因素影响下，随着时间推移，该地区的碳排放效率差距将逐渐缩小。

第四节　黄河流域碳排放效率的影响因素

一、变量选取和数据来源

厘清碳排放效率的影响因素是提升黄河流域碳排放效率的重要前提，本书选取了6个碳排放效率的影响因素，见表5-3。

表5-3　黄河流域碳排放效率影响因素指标

影响因素	具体衡量指标	代表符号	单位
经济发展水平	人均地区生产总值	$lnEL$	元
能源消费结构	煤炭消费量占该区域能源消费总量的比重	CS	%
城市化水平	城市人口占人口总数的比重	UB	%
科技创新水平	科技活动经费占地区生产总值的比重	TI	%
对外贸易水平	出口总额占地区生产总值的比重	FT	%
政府适度干预	地区财政决算本级支出占地区生产总值的比重	GI	%

（一）经济发展水平

经济越发达的地区资本要素的投入会越大，碳排放量也会相应增大，因此，把人均地区生产总值作为衡量经济发展水平的指标纳入影响因素中。

（二）能源消费结构

黄河流域的能源消费总体以煤炭等化石燃料为主，但煤炭资源的利用率相对不高，由此产生的碳排放较高，这在短期内对黄河流域碳排放效率的提升是不利的，故本书以煤炭消费量占该区域能源消费总量的比重来表示能源消费结构。

（三）城市化水平

理论界一般认为，城市化过程中的人口扩张和基础设施的建设，会加剧能源、钢筋和水泥等资源的消耗，容易促进大量二氧化碳的产生，不利于碳排放效率的提升，因此，以城市人口占人口总数的比重来表示城市化水平。

（四）科技创新水平

技术创新的进步会使劳动生产率进一步提高，从而降低区域能源消费的强度并提高利用效率，有利于碳排放效率的提升，本书用科技活动经费占地区生产总值的比重来代表区域科技创新水平。

（五）对外贸易水平

随着近年来环境规制力度的不断加大，发达省份倾向于把污染密集型产业转移到欠发达省份，由此造成当地的污染排放物不断增加，故选用出口总额占地区生产总值的比重来作为反映该区域对外贸易水平高低的指标。

（六）政府适度干预

碳排放问题具有较强的公共性特征，政府的适度干预是必要的。一般而言，政府的干预力度越强，对碳排放效率的影响力度越大，本书以地区财政决算本级支出占地区生产总值的比重来反映政府干预程度。

在本书所采用的数据中，能源消费量和煤炭消费量数据来源于2006—2020年公布的《中国能源统计年鉴》；资本存量、劳动力、地区生产总值、人均地区生产总值、非农业人口占人口总数比重、出口总额、地区财政决算本级支出数据来源于2006—2020年公布的《中国统计年鉴》和各省份的统计年鉴、统计公报，科技活动经费数据来源于《全国科技经费投入统计公报》。

二、空间杜宾模型

由于黄河流域碳排放效率可能具有空间自相关性，因此在影响因素的分析中需引入空间计量方法。空间杜宾模型（Spatial Durbin Model，SDM）可以同时反映被解释变量和解释变量的影响，并分解出直接效应与间接效应。本书运用该模型对黄河流域碳排放效率的影响因素进行探索，公式为：

$$Y = \rho_0 WY + \beta_0 X + \theta_0 WX + \varepsilon \tag{5.7}$$

式中，Y 和 X 分别为被解释变量和解释变量；ρ_0 为被解释变量的空间自回归系数；β_0 为回归系数；θ_0 为解释变量的空间回归系数；ε 为随机误差；W 为一个（$n \times n$）空间权重矩阵。当 $\rho_0 \neq 0$，且 $\theta_0 = 0$ 时，SDM 可以简化为空间滞后模型；当 $\rho_0\beta_0 + \theta_0 = 0$ 时，SDM 可简化为空间误差模型。

三、空间自相关检验分析

空间自相关分析是运用空间计量模型的前提条件。本书选用 Moran's I 衡量黄河流域碳排放效率的空间关联性。对2005—2019年黄河流域碳排放效率的 Moran's I 进行计算，结果见表5-4。

表5-4　2005—2019年黄河流域碳排放效率的 Moran's I

年份	Moran's I	Z 值	P	年份	Moran's I	Z 值	P
2005	0.250	2.604	0.005	2013	0.033	1.100	0.136
2006	0.253	2.654	0.004	2014	0.037	1.126	0.130
2007	0.244	2.588	0.005	2015	0.145	1.865	0.031
2008	0.139	1.853	0.032	2016	0.163	1.984	0.024
2009	0.043	1.182	0.119	2017	0.223	2.404	0.008
2010	0.065	1.323	0.093	2018	0.225	2.423	0.008
2011	0.032	1.091	0.138	2019	0.220	2.367	0.009
2012	0.145	1.856	0.032	—	—	—	—

由表 5-4 可知，2005—2019 年黄河流域碳排放效率的 Moran's I 均为正值，除 2009 年、2010 年、2011 年、2013 年和 2014 年外，其余年份的统计量 Z 值都在 5% 水平下通过了显著性检验，这表明黄河流域碳排放效率存在显著的正向空间自相关性，即本地区的碳排放效率会对其邻近地区的碳排放效率产生正向影响。

四、空间杜宾模型的检验与选择

为了验证空间杜宾模型是否会退化为空间滞后模型或空间误差模型，运用 LM 检验、LR 检验和 Wald 检验方法进行检验，结果见表 5-5。

表 5-5　空间计量模型检验结果

检验方法	检验指标	统计值	P
LM 检验	LM （lag） test	114. 283	0. 000
	Robust LM （lag） test	14. 828	0. 000
	LM （error） test	105. 596	0. 000
	Robust LM （error） test	6. 140	0. 013
LR 检验	LR test spatial lag	58. 290	0. 000
	LR test spatial error	57. 030	0. 000
Wald 检验	Wald test spatial lag	26. 680	0. 000
	Wald test spatial error	24. 290	0. 000

由表 5-5 可知，在 LM 检验中，各指标均通过了显著性水平检验，说明解释变量中同时存在空间滞后项和空间误差项，应选择空间杜宾模型。LR 检验和 Wald 检验都在 1% 的水平下通过了显著性检验，这意味着拒绝空间杜宾模型会退化成其他空间模型的原假设，因此，选择空间杜宾模型进行后续的研究具有合理性。考虑到 SDM 还可拓展为个体固定效应、时间固定效应、混合固定效应和随机效应 4 种形式，故运用 Hausman 检验和 LR 检验来确定较优的模型，见表 5-6。

表 5-6　固定效应类型选择的 LR 检验结果

检验方法	原假设	统计值	*P*
Hausman 检验	随机效应比固定效应合适	41.83	0.000
LR 检验	个体固定效应比混合固定效应合适	80.40	0.000
	时间固定效应比混合固定效应合适	230.57	0.000

在表 5-6 中，Hausman 检验的统计量为 41.83 且通过了 1% 显著性水平检验，LR 检验显示混合固定效应模型比个体固定效应模型和时间固定效应模型更合适，因此，本书最终采用混合固定效应的空间杜宾模型。

五、影响因素的检验结果

黄河流域碳排放效率的解释变量中存在空间滞后项，采用回归系数进行分析无法准确描述自变量和因变量之间的关系，因此，本书采取偏微分方法对黄河流域碳排放效率的影响因素进行空间效应分解，结果见表 5-7。

表 5-7　黄河流域碳排放效率影响因素的空间效应分解结果

解释变量	直接效应		溢出效应		总效应	
	回归系数	Z 值	回归系数	Z 值	回归系数	Z 值
lnEL	0.9728 ***	9.67	-0.3211 ***	-2.85	0.6517 ***	5.95
CS	-0.4025 ***	-2.61	0.1377 *	1.81	-0.2648 ***	-2.68
UB	-2.4053 **	-2.24	0.8011 *	1.70	-1.6042 **	-2.15
TI	6.8411 *	1.92	-2.2546	-1.56	4.5865 *	1.84
FT	0.7512 **	2.00	-0.2450 *	-1.66	0.5062 *	1.87
GI	0.2344	1.23	-0.0798	-1.10	0.1546	1.19

注：* 表示 $P<0.1$，** 表示 $P<0.05$，*** 表示 $P<0.01$。

（1）经济发展水平对黄河流域碳排放效率的总效应为 0.6517 且在 1% 水平下显著，说明了黄河流域各省份的经济发展有利于碳排放效率的提升。从直接效应来看，黄河流域各省份的经济发展水平每提高 1%，碳排放效率将提高 0.9728。这主要是因为经济发展在促进人民生活水平提高的同时，也提高了居民对生活质量和周边环境的要求，进而推动黄河流域社会层面的节能减排进程。从溢出效应来看，黄河流域内经济发展水平较高的省份对其邻近省份的碳排放效率会产生负面影响。

（2）能源消费结构对黄河流域碳排放效率的总效应和直接效应在1%水平下显著为负，说明黄河流域能源消费结构中煤炭消费比重越高，碳排放效率就越低。黄河流域内多数省份在煤炭利用上效率偏低，进一步造成了地区碳排放效率的低值化。然而，从溢出效应来看，黄河流域内各省份的能源消费结构在10%的显著性水平下有利于提高其邻近省份的碳排放效率。

（3）城市化水平对黄河流域碳排放效率的总效应为-1.6042，通过了5%的显著性水平检验，即城市化水平与碳排放效率显著负相关。黄河流域各省份城市化水平每提高1%，碳排放效率将下降2.4053。城市化建设仍是黄河流域内众多省份未来发展的趋势，在此过程中，人口规模的扩大不可避免地会使城市的能源消费需求急剧增加，这在客观上抑制了碳排放效率的提升。

（4）科技创新水平对黄河流域碳排放效率的总效应和直接效应在10%显著性水平下通过了检验，且系数为正，这说明黄河流域科技水平越高，越能促进地区碳排放效率的提升。近年来，黄河流域各省份加快新旧动能转换，加大R&D经费支持力度，有力地推动了节能减排，提高了低碳技术水平和能源利用效率，使能源投入的无效产出大大减少，进一步实现了黄河流域碳排放效率的提升。

（5）对外贸易水平对黄河流域碳排放效率的直接效应在5%水平下显著为正，说明黄河流域促进对外贸易发展，有利于提高黄河流域碳排放效率。在"一带一路"倡议背景下，黄河流域内陕西、青海、甘肃等省份的对外贸易联系得到加强，要素流动渠道增多，一定程度上解除了地区产能过剩、资源不足的困境，提高了投入产出比。

（6）政府适度干预对黄河流域碳排放效率的总效应为正但并不显著，表明黄河流域各省份的政府干预对黄河流域碳排放效率的影响不明显。当前，我国政府在碳减排工作中所展开的节能减排宣传活动、出台的节能减排奖惩政策等，能够积极地带动碳排放的降低和环境质量的提升，但有时政府在经济活动过程中存在过度干预，导致资源无法有效合理配置，不利于碳排放效率的提高，政策的有效性仍需深入研究。

第五节　小结

　　本章对黄河流域碳排放效率进行了测算与分析，结果显示：①2005—2019 年黄河流域的碳排放效率差距表现出"W"形的演变态势；各省份之间的碳排放效率差异较大并呈现出"上游<中游<下游"的阶梯式分布格局，其中，甘肃、青海、宁夏和山西是流域内碳排放效率较低的省份。②黄河流域的碳排放效率不存在 σ 收敛，但全流域和中游地区具有绝对 β 收敛特征。这意味着随着时间的推移，各省份之间的碳排放效率差距有进一步扩大的可能，而当各省份具有相当的发展条件和水平时，其碳排放效率差距将有可能逐渐缩小。③经济发展水平、科技创新水平和对外贸易水平的提高有利于提高流域的碳排放效率，而能源消费结构中煤炭占比过高和城市化的无序扩张则会抑制黄河流域碳排放效率的提升。从空间角度来看，能源消费结构的优化和城市化的有序推进能够带动邻近省份的碳排放效率的提高，但粗放式的经济发展方式并不会对相邻省份的碳排放效率产生正向影响。

第六章 黄河流域碳排放权省域分配及碳减排潜力评估

2021 年 10 月 26 日，国务院发布了《2030 年前碳达峰行动方案》，进一步明确了碳减排的重点任务和重要领域，并指出在推动各地区梯次有序碳达峰行动中，可发挥全国碳排放权交易市场作用，统筹推进碳排放权市场建设，做好其与能耗双控制度的衔接。黄河流域是我国经济高质量发展中的战略要地，在实现碳减排目标中扮演着重要角色。目前，流域亟须向绿色低碳的发展方式转变，而碳排放权交易的开展无疑能在这个转变进程中起到一定的推动作用。碳排放权的多少关系到一个地区未来的经济发展空间，要保障碳排放权交易的顺利开展，最关键的就是要解决碳排放权的分配问题，黄河流域要想打破目前面临的困境，实现降碳减排，就需要结合流域的碳排放权及其减排潜力来进行产业、能源结构等方面的调整。本章将着重探讨黄河流域的碳排放权分配并评估其减排潜力。

第一节 碳排放权的交易发展现状

一、碳排放交易的发展现状

《京都议定书》开创的国际合作减排机制创造了一种新的产品，即温室气体排放权，同时催生了碳排放交易市场。尤其是清洁发展机制（CDM），其作为一种双赢机制在发达国家和发展中国家开启了一个巨大的碳交易市场。"随着碳排放权在国际市场上的商品化，越来越多的企业试图将排放权经济纳入企业的战略规划，国际碳排放权经济时代已经到来。"

截至 2009 年 3 月，世界上的碳排放交易所主要有英国排放交易市场、欧洲贸易排放体系、美国芝加哥气候交易所、加拿大蒙特利尔气候交易所及澳大利亚新南威尔士温室气体减排体系。"各国碳排放交易市场的建立，使得以减排为商品的国际碳排放交易市场机制逐渐形成，减排额成为投资界的热门商品。欧洲气候交易所预计一旦碳排放配额交易在期货期权市场展开，仅欧洲市场每年的规模就将达到 580 亿美元。"（林国华，2011）碳排放交易量的增加必然导致碳排放交易市场的大量涌现。

作为全球最大温室气体排放国，我国已经被许多国家看作最具潜力的减排市场，是 CDM 项目下减排额的主要供应地区。在我国，越来越多的企业正在积极参与碳排放交易。但由于我国的碳排放交易市场起步较晚，基本上是在《京都议定书》生效后的几年之间逐步发展起来的，致使我国从事 CDM 的中小企业的议价能力普遍较弱。"截至 2009 年 9 月，国家发展改革委批准的全部 CDM 项目 2200 个，已经签发的减排量约为 1.5 亿吨，这个数字已超过欧盟目前实际的减排量。"（李谭，2009）虽然我国 CDM 项目产生的温室气体减排量在总量上占全球的近一半，但尚未形成一个高效规范的碳排放交易市场（曲茹晓、吴洁，2009）。

二、黄河流域碳排放交易发展的必要性

国家发展改革委印发的《黄河三角洲高效生态经济区发展规划》的前言指出："黄河三角洲位于渤海南部的黄河入海口，沿岸地区在环渤海地区发展中具有重要的战略地位。"黄河三角洲地区具有土地资源、自然资源、地理区位条件、生态系统以及产业基础等方面的优势，同时黄河三角洲的发展也面临着良好的机遇与挑战。独特的优势条件以及机遇与挑战使黄河三角洲高效生态经济的发展有了重要的战略意义。在这样的背景

下，黄河流域在制订具体的发展计划时，无论是基础设施的建设、重大工业项目的引进，还是农、牧、渔等生产的布局，均需将环境保护纳入视野。而提到环境保护就必然提到温室气体的排放，因此在一定意义上环境保护即意味着减少温室气体的排放，或者说减少温室气体的排放是保护环境的积极措施。

我国没有减排的约束又是温室气体排放大国，显而易见这里蕴含着巨大的利润空间。黄河流域发展应充分利用这一机遇，建立碳排放交易市场，开展碳排放贸易，既能为黄河流域高效生态经济区发展赚取资金，又能为生态环境保护做出必要的努力与贡献。概言之，黄河流域碳排放交易发展有以下几点重要意义：

（1）碳排放交易的发展将市场机制引入治污领域，有助于改变传统的环保理念并提高企业治污的积极性。由于碳排放量成为可交易的产品，企业必然会付出经济代价购买排放权，或通过减排而出售排放权来赚取经济利益。

（2）碳排放交易的发展有利于降低污染控制成本，提高整个社会治污的效率，同时有利于治污技术水平的提高。企业在核定的排放量基础上主动减排并出售多余的排放量，必然降低治污的成本；而超量排放的企业会主动提高治污的技术水平以达到减排的目的。

（3）碳排放交易的发展有利于资源的优化配置、自发调整与优化工业布局。碳排放交易由政府确定排放总量并确立一套交易的市场机制，即由市场引领企业主动调整资源配置。由于排放量是限定的，新、老企业必然综合权衡决定进入还是退出市场。

（4）碳排放交易的发展有利于解决经济发展与环境保护的矛盾，实现经济与环境的可持续发展。在排放总量限定的前提下，无论新、老企业都会以一定的排放量为考量前提发展壮大自己的生产规模，从而在不增加碳排放量、保障环境质量的前提下实现整个社会经济的持续发展。

第二节　黄河流域碳排放权的分配指标体系

一、碳排放权分配指标体系的确定

国内有部分学者从不同角度构建了碳排放权分配指标体系，指标的选取也各不相同。有学者把直观指标作为衡量标准，如选取人口、GDP 和碳排放量等指标，估算代际公平下全球 132 个国家的碳排放权配额（王慧慧，2016）；有些学者基于投入产出最优化，选取了碳强度、能源强度和技术投入3 项指标，测算了 30 个工业部门的碳排放权初始配额（Zhao 等，2017）；还有一些学者以公平性、效率性和可行性原则等为基础，选取人口、GDP、碳生产力、第三产业比重等指标分阶段进行碳排放权的省份分配（王勇等，2018）；在"4 大原则—3 个维度"矩阵下选取人口、城市化率、GDP、历史累计碳排放量、第三产业比重、森林覆盖率、R&D 支出占比等指标对 31 个省份 2016—2030 年的碳排放配额进行核算（方恺等，2018）；基于五大单一原则，运用人均碳排放量、人口数量、产出额、地域空间面积和碳汇 5 项指标对中国各省份的碳权进行了分配（杨超等，2019）；田云等结合公平性、效率性和保障性三大原则，选取人口数量、国内生产总值、碳生产力、林木蓄积量、农作物播种面积 5 项指标设计了碳排放权区域分配模型。本书遵循指标构建的公平性、效率性、可行性和可持续性等原则，通过借鉴上述学者的研究成果，完成了本书的碳排放权分配指标体系构建，如表 6-1 所示。

表 6-1　黄河流域碳排放权分配指标体系

原则	指标	指标度量	单位	指标方向
公平性	人均碳排放量	碳排放量/总人口	吨/人	+
	人口数量	从业劳动力数量	万人	+
效率性	能源消耗强度	能源消耗量/地区生产总值	吨标准煤/万元	−
	碳生产力	地区生产总值/碳排放量	元/吨	+

续表

原则	指标	指标度量	单位	指标方向
可行性	第三产业比重	三产产值/地区生产总值	%	－
	科技水平	专利授权数	件	＋
可持续性	城市化率	城市人口/总人口	%	－
	森林覆盖率	森林面积/土地总面积	%	＋

(一) 公平性原则

公平指在既定规则下实现某种资源和经济成果的平等占有,碳排放权分配的公平化有助于提高各主体的碳减排责任意识,实现减排目标。当人口数量越大时,能源消耗量也越大,相应的碳排放权配额也应该越大,因此,人口数量是正向指标;从需求公平来说,某地区的人均碳排放量越大,所需要的碳排放权也越多,因此,人均碳排放量属于正向指标。

(二) 效率性原则

效率性原则注重实现最佳投入产出比。碳排放权作为一种稀缺资源,在分配过程中应考虑到各地区的差异性,遵循效益最大化原则进行优化配置。本书选取能源消耗强度和碳生产力两个指标度量效率性原则。其中,能源消耗强度反映了能源在生产过程中的利用效率,强度越高利用效率就越低,因此能源消耗强度是负向指标;碳生产力指单位碳排放所带来的经济贡献,碳生产力的上升会使定量物质及能源的产出效率更高,因此碳生产力是一个正向指标。

(三) 可行性原则

可行性原则强调各省份是否具备完成规定碳排放限额的能力,即在不损害人民基本生活水平的前提下实现减排目标。因此,碳排放权应偏向于分配给技术手段更先进、减排潜力更大的地区。以科技水平、第三产业比重两个指标对可行性原则进行量化。其中,第三产业比重越高意味着产业结构越优,但减排空间及潜力却会逐渐变小,因此需要配以较少的碳排放权;科技水平采用专利授权数代表,是正向指标,意味着某省份的科技水平越高，越能实现高碳行业的技术性减排，因此可以配以更多的碳排放权。

（四）可持续性原则

碳减排是一项长期性工作，碳排放权分配需要从长远的角度出发，遵循可持续发展理念，同时兼顾到当代人和后代子孙的生存需求。本书选取了城市化率和森林覆盖率两个指标。其中，城市化进程中对生态所造成的损害不仅会影响城市经济的可持续发展，也会对社会资源的可持续发展构成严重威胁，因此，城市化率为负向指标；在实际生产中，林木生长过程中所产生的光合作用能大量吸收空气中的二氧化碳，覆盖率越大，碳吸收能力越强，不仅能保证生态系统的可持续性，也能有效地化解碳排放所引发的潜在危害，因此，森林覆盖率为正向指标。

二、指标的筛选与处理

为了增强碳排放权分配指标体系的客观性和合理性，本书以 2000—2018 年全国尺度的指标数据为基础，对分配指标进行筛选和优化。采用归一化方法消除各指标间的量纲影响，计算公式如下：

$$G_{ij} = \frac{Y_{ij} - \min_j}{\max_j - \min_j} \tag{6.1}$$

式（6.1）中，G_{ij} 为第 j 项指标在第 i 年的归一化结果；Y_{ij} 为第 j 项指标在第 i 年的值；$\min_j$ 和 $\max_j$ 分别为第 j 项指标在 2000—2018 年中的最小值和最大值。

在各指标归一化结果的基础上，运用相关分析检验这 8 个分配指标与碳排放量之间的相关性，剔除无相关和没有通过显著性检验（P>0.05）的指标，以确保分配体系中的指标对碳排放量有影响力。同时采用因子分析方法提取出分配指标的公因子，以消除高度相关带来的共线性问题，公式如下：

$$F_k = \alpha_{k1}x_1 + \alpha_{k2}x_2 + \alpha_{k3}x_3 + \cdots + \alpha_{ki}x_i \tag{6.2}$$

式（6.2）中，F_k 为第 k 个公共因子；α_{ki} 为指标 i 在第 k 个公共因子中

的系数；x_1，x_2，…，x_i 为第 1 项至第 i 项分配指标。

三、碳排放权测算及省域分配模型

（一）碳排放权测算

根据我国政府提出的"国家自主贡献"行动目标可知，2030 年碳排放强度较 2005 年要实现 60%~65% 的下降目标。本书以 65% 为下降指标，利用 2018 年的实际碳排放强度数据并结合 GDP 预计增速估算我国 2018—2030 年的碳排放权总量。估算方法借鉴了其他学者的思路，公式如下：

$$CA = \sum_{t=2018}^{2030} CA_t = \sum_{t=2018}^{2030} \left[GDP_{2018} \times (1 + P)^{t-2018} \times I_{2018} \times (1 - q)^{t-2018} \right]$$

$$(6.3)$$

式（6.3）中，CA 为 2018—2030 年我国碳排放权总量。CA_t 为我国第 t 年的碳排放权；GDP_{2018} 和 I_{2018} 分别为 2018 年我国 GDP 总量和碳排放强度；P 为未来 GDP 年均增长率，对我国未来 GDP 的年均增长率进行设定，即可推算出 2019—2030 年各年份的 GDP 总量，根据国家统计局 2014—2018 年公布的数据可知，我国实际 GDP 年均增速为 6.0%~6.6%，为了保证经济持续健康发展和减碳目标的实现，未来经济增速存在进一步下降的可能，因此设定 P 值为 6.0%；q 为 2019—2030 年碳排放强度的年均变化率，公式如下：

$$q = 1 - \sqrt[12]{\frac{I_{2030}}{I_{2018}}} = 1 - \sqrt[12]{\frac{I_{2005} \times (1-\beta)}{I_{2018}}} \qquad (6.4)$$

式（6.4）中，β 为我国所要实现的碳排放强度减少目标，即 65%；I_{2005}、I_{2018}、I_{2030} 分别为我国 2005 年、2018 年、2030 年的碳排放强度。

（二）分配模型构建

各省份的碳排放权配额由各省份所占权重与全国碳排放权总量之积表示，其中，各省份所占权重指各省份预测碳排放量占全国碳排放总量的比重。首先，计算出每年的公共因子得分；其次，运用回归分析法得到公共因子与碳排放量之间的回归分析方程，见式（6.5）；最后，根据 2018 年全国的碳排放数据，预测未来 12 年全国的碳排放量，见式（6.6）。

$$CE_t = \beta_1 F_{t1} + \beta_2 F_{t2} + \cdots + \beta_k F_{tk} + \beta + \varepsilon \tag{6.5}$$

$$ACE_l = \beta_1 F_{l1} + \beta_2 F_{l2} + \cdots + \beta_k F_{lk} + \beta \tag{6.6}$$

式（6.5）和式（6.6）中，CE_t 为第 t 年的碳排放量，ACE_l 为第 l 省份的预测碳排放量。β_k 为第 k 个公共因子的回归系数；F_{tk} 和 F_{lk} 分别为第 t 年和第 l 省份的第 k 个公共因子。β 为常数项，ε 为残差项。

进一步计算我国 30 个省份（未含西藏和港澳台地区，下同）的碳排放权分配权重，公式如下：

$$W_l = \frac{ACE_l}{\sum\limits_{l=1}^{30} ACE_l} \tag{6.7}$$

式（6.7）中，W_l 为第 l 省区的碳排放权分配权重；ACE_l 为第 l 省份的预测碳排放量。

最后计算各省份的碳排放权见式（6.8）和碳排放权空间余额见式（6.9），公式如下：

$$CEQ_l = CA \times W_t \tag{6.8}$$

$$CES_l = CEQ_l - CE_l \times 12 \tag{6.9}$$

式（6.8）和式（6.9）中，CEQ_l 为 2018—2030 年第 l 省区的碳排放权；CES_l 为 2018—2030 年第 l 省份的碳排放权空间余额；CE_l 为 2018 年第 l 省区的碳排放量。

四、数据来源

本书收集了 2000—2018 年我国 30 个省份的数据。指标数据来源于 2001—2019 年《中国统计年鉴》和各省份的《统计年鉴》，全国森林资源清查（1994—2018 年）资料报告，2001—2019 年《中国能源统计年鉴》和中国碳排放数据库（China Emission Accounts and Datasets，CEADs）。

第三节　黄河流域碳排放权的省域分配

一、碳排放权分配权重结果

在指标的筛选和优化中，本书运用皮尔森相关性系数检验了 8 项分配指标与碳排放量之间的相关程度（见表6-2）。

表6-2　碳排放权分配指标与碳排放量相关性分析结果

变量	CE	X_1	X_2	X_3	X_4	X_5	X_6	X_7	X_8
CE	1.000	0.999**	0.930**	-0.964**	0.860**	0.825**	0.875**	0.973**	0.959**
X_1		1.000	0.930**	-0.955**	0.840**	0.804**	0.857**	0.964**	0.953**
X_2			1.000	-0.854**	0.802**	0.803**	0.813**	0.932**	0.908**
X_3				1.000	-0.939**	-0.906**	-0.938**	-0.978**	-0.950**
X_4					1.000	0.983**	0.987**	0.946**	0.890**
X_5						1.000	0.968**	0.928**	0.871**
X_6							1.000	0.948**	0897**
X_7								1.000	0.965**
X_8									1.000

注：①CE 表示碳排放量；②$X_1 \sim X_8$ 分别表示人均碳排放量、人口数量、能源消耗强度、碳生产力、第三产业比重、科技水平、城市化率、森林覆盖率；③** 表示 $P<0.01$。

结果显示，8 项指标之间及其与碳排放量的相关系数绝对值均大于 0.8，且 P 值都小于 0.01，通过了显著性检验。但由于指标之间存在多重共线性问题，为了保证后续结果的合理性，进一步采用因子分析对 8 项指标进行降维处理，以消除不利影响。

采用SPSS22.0软件得出的因子分析结果显示，以 1 个公共因子 F_1 代表这 8 项指标，总体解释方差为 92.27%；KMO 值为 0.821 且通过了 Bartlett 球形检验，说明因子分析所得结果是相对合理的。进一步对公共因子 F_1 和历年碳排放量进行回归分析，结果表明，公共因子 F_1 对历年碳排放量具有较高的解释力且两者呈正相关，其可决系数 R^2 为 0.924，标准化后系数为 0.961。得到的 F_1 表达式与回归方程式如下所示：

$$F_1 = 0.129X_1 + 0.124X_2 - 0.133X_3 + 0.130X_4 + 0.128X_5 + 0.131X_6 +$$
$$0.135X_7 + 0.131X_8 \tag{6.10}$$

$$CE = 0.348F_1 + 0.601 \tag{6.11}$$

从上述公式可知，人均碳排放量、人口数量、碳生产力、第三产业比重、科技水平、城市化率、森林覆盖率都与 F_1 呈正相关，能源消耗强度与 F_1 呈负相关。结合得到的公因子表达式和回归方程，可计算出黄河流域 9 省份的公因子得分和预测碳排放量，之后根据式（6.7）得出各省份的碳排放权分配权重结果，如图 6-1 所示。

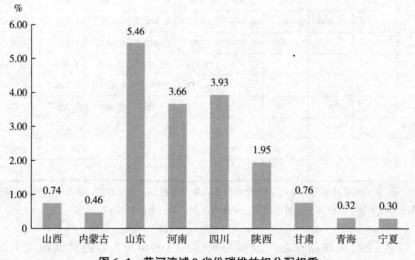

图 6-1　黄河流域 9 省份碳排放权分配权重

从图 6-1 中可知，山东、四川和河南 3 省份的碳排放权分配权重是较高的，分别为 5.46%、3.93% 和 3.66%；青海和宁夏的分配权重最低，只有 0.32% 和 0.30%。

二、碳排放权配额结果分析

根据式（6.3）和式（6.4）估算得到我国 2018—2030 年的碳排放权总量

为 1837.48 亿吨,结合黄河流域 9 省份碳排放权分配权重,计算出黄河流域 2018—2030 年的碳排放权总量为 323.06 亿吨。其中,流域内 9 省份 2018—2030 年每年的碳排放权配额(见图 6-2)以及这 13 年的累计碳排放权总量(见图 6-3)。

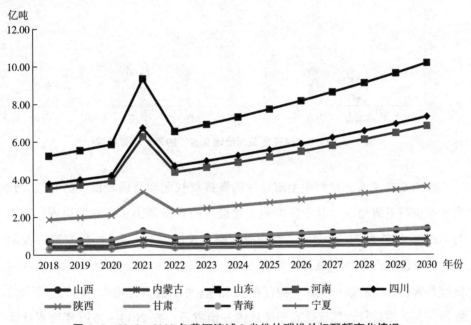

图 6-2 2018—2030 年黄河流域 9 省份的碳排放权配额变化情况

由图 6-2 可知,2018—2030 年黄河流域 9 省份碳排放权配额的演变趋势可以分为两阶段:第一阶段是 2018—2022 年,碳排放权配额呈现出"缓慢增加→快速增加→快速下降"的趋势;第二阶段是 2023—2030 年,表现为逐年增加的趋势。从增加量来看,山东 2030 年的碳权配额增加最多,相较于 2018 年增加了 4.94 亿吨;宁夏配额增加量最小,2030 年比 2018 年增加了 0.27 亿吨。

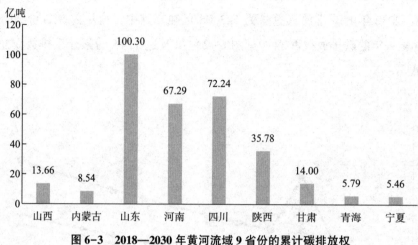

图 6-3　2018—2030 年黄河流域 9 省份的累计碳排放权

从图 6-3 来看，黄河中上游地区的碳排放权配额普遍较低，高配额大致集中在黄河下游地区。其中，配额总量最多的省份是山东省和四川省，分别为 100.30 亿吨和 72.24 亿吨，河南省配额量位居第三，为 67.29 亿吨，配额最少的省份是青海和宁夏，分别为 5.79 亿吨和 5.46 亿吨。综合来看，黄河流域各省份之间的碳排放权配额存在较大的差距，尤其是山东、河南、四川 3 省份，其碳排放权配额远远高于流域内其他省份，在 2018—2030 年的累计碳排放权总量中，配额最多与最少的省份之间足足相差了 94.84 亿吨。另外，根据上述所估算的 2018—2030 年我国和黄河流域的碳排放权配额数据来看，黄河流域的碳排放权配额相对较低，只占全国的 17.58%，而在 2018 年黄河流域的碳排放量就占到了全国碳排放量的 37.80%，[①] 这种高排放与低配额之间的矛盾无疑会加大黄河流域的碳减排压力。

三、碳排放空间余额及其分类

根据式（6.9），本书计算得出 2018 年黄河流域各省份的碳排放权初始空

---

① 根据 CEADs 所公布的《Emission inventories for 30 provinces 2018》计算得出。网址为 https：//www.ceads.net/user/index.php? id＝1095&lang＝en。

间余额以及 9 省份 2018—2030 年的累计碳排放权空间余额，见表 6-3。

表 6-3 黄河流域 9 省份的碳排放量、碳排放权初始空间余额及累计碳排放权空间余额

地区	2018 年碳排放量		2018 年碳排放权 初始空间余额		2018—2030 年累计 碳排放权空间余额	
	数量/亿吨	排名/位	数量/亿吨	排名/位	数量/亿吨	排名/位
山西	5.42	3	-4.70	8	-51.38	8
内蒙古	7.24	2	-6.79	9	-78.34	9
山东	9.02	1	-3.77	7	-7.94	6
河南	4.91	4	-1.39	5	8.37	2
四川	2.96	5	0.82	1	36.72	1
陕西	2.76	6	-0.89	3	2.66	3
甘肃	1.63	8	-0.90	4	-5.56	5
青海	0.52	9	-0.22	2	-0.45	4
宁夏	1.92	7	-1.63	6	-17.58	7
黄河流域	36.38	—	-19.47	—	-113.50	—

从表 6-3 中可看出，2018 年黄河流域总的碳排放权初始空间余额具有 19.47 亿吨的配额欠缺，流域内有 8 个省份的碳排放权配额出现赤字，只有 1 个省表现出盈余状态，说明当前流域的碳排放总量远远高于其理论碳排放权，出现碳权赤字的 8 个省份亟须改变此局面以避免对未来经济发展造成不利影响。其中，内蒙古、山西和山东的碳排放权初始空间余额在 9 省份中最低，分别为 -6.79 亿吨、-4.70 亿吨和 -3.77 亿吨，表现出"高排放、高赤字"的特征；四川的碳排放权初始空间余额为 0.82 亿吨，位居黄河流域第一，也是当前黄河流域中唯一具有碳权配额盈余的省份。

从 2018—2030 年黄河流域累计碳排放权空间余额来看，黄河流域的碳排放权累计将出现 113.50 亿吨的赤字。黄河流域 9 省份中，山西、内蒙古、山东、甘肃、青海和宁夏的累计碳排放权空间余额均为负值，其中，内蒙古和山西存在严重的碳排放空间不足现象，其累计碳排放权空间余额分别为 -78.34 亿吨和 -51.38 亿吨；四川、河南和陕西的累计碳排放权空间余额分别为 36.72 亿吨、8.37 亿吨和 2.66 亿吨，说明这 3 个省份未来的减排压力相对

不大，可考虑加快其目前经济发展速度、大力发展生产力，充分发挥碳权盈余的优势助推经济向高质量发展迈进。

为了进一步分析黄河流域各省份的碳排放权情况，本书参考了一些学者①的分类标准，结合黄河流域各省份碳排放权空间余额的数据情况，运用相等间隔法将2018年碳排放权初始空间余额和2018—2030年累计碳排放权空间余额分为充分盈余、中度盈余、略微盈余、轻微赤字、中度赤字和严重赤字六类，见表6-4。

表6-4　黄河流域9省份碳排放权空间余额的分类情况

类型	2018年碳排放权初始空间余额分类	2018—2030年累计碳排放权空间余额分类
严重赤字	山西、山东、内蒙古	内蒙古、山西
中度赤字	宁夏	宁夏
轻微赤字	陕西、青海、甘肃、河南	青海、甘肃、山东
略微盈余	四川	河南、陕西
中度盈余	—	—
充分盈余	—	四川

从2018年9省份碳排放权初始空间余额分类情况来看，黄河流域内包含四类地区。一是略微盈余地区（初始空间余额为0亿~1.50亿吨）——四川，该地区属于"低排放、高配额"地区，且经济发展对高碳能源依赖度低，因此，理论上来讲碳排放权满足其目前的碳排放需求；二是轻微赤字地区（初始空间余额为-1.50亿~0亿吨），包括陕西、青海、甘肃和河南4省份，其中，青海和甘肃呈现出"低排放、低配额"的特征，这2个省份较低的碳生产力和能源利用效率使其碳权分配较为有限；三是中度赤字地区（初始空间余额为-3.00亿~-1.50亿吨）——宁夏，其初始碳排放权配额呈现出1.63亿吨赤字；四是严重赤字地区（初始空间余额小于等于-3.00亿吨），包括山西、山东和内蒙古3省份。

---

① 方恺，张琦峰，叶瑞克，等．巴黎协定生效下的中国省际碳排放权分配研究［J］．环境科学学报，2018，38（3）：1224-1234．

从 2018—2030 年 9 省份累计碳排放权空间余额分类情况来看，黄河流域内包含五类地区。一是充分盈余地区——四川，即累计碳排放权空间余额大于等于 30.00 亿吨，该地区自身能耗水平较低，且森林覆盖率高，碳排放量处于较低水平，碳排放空间相应较宽广。二是略微盈余地区（累计碳排放权空间余额为 0 亿~15.00 亿吨），包括河南和陕西。其中，河南是一个农业生产大省，产生的碳排放量较高，但同时其也是人口大省，经济体量大、人均碳排量较小，在碳强度目标下减排压力相对不大；陕西作为一个能源大省，近年来不断推进能源结构优化升级，极大地降低了碳排放水平，从而使其在未来的碳排放空间上存在一定的余量。三是轻微赤字地区（累计碳排放权空间余额为-15.00 亿~0 亿吨），包括青海、甘肃和山东。其中，山东表现出明显的"高排放、高配额"特征，理论上的碳排放权年均配额占当前碳排放量的 85% 以上，减排压力相对较小。四是中度赤字地区（累计碳排放权空间余额为-30.00 亿~-15.00 亿吨）——宁夏，余额总量为-17.58 亿吨。宁夏属于典型的"低排放、低配额"地区，人口稀疏且经济发展水平不高，科技水平较为落后，由此分配的碳排放权也相应较少，面临着较大的减排压力。五是严重赤字地区，即累计碳排放权空间余额小于等于-30.00 亿吨，包括内蒙古和山西 2 个省份。这 2 个省份都属于产煤大省，高耗能源的开发利用客观上导致了两省份碳排放量处于较高水平，而各自相对较低的森林覆盖率又制约了其碳排放权的分配。总体来说，无论是在当前或是未来，黄河流域都亟须采取更加合理有效的措施去促进整体碳排放量的下降。

第四节　黄河流域的碳减排潜力评估

一、碳减排潜力评估方法

在碳减排潜力研究中，本书借鉴学者 Fried 等的研究思路，运用最优能源效率法评估黄河流域 9 省份的碳减排潜力。该方法是把最高能源效率值作为参照值来估算碳减排潜力，但我国各省份之间差异性明显，所能达到的最高能源效率是不同的，把一个最优值作为所有省份的标准有失公允。因此，本书从影响能源效率的因素角度考虑，选取了地区生产总值、能源消费量、第三产业比重、进出口总额 4 项指标，基于 2016—2020 年全国 30 个省份的数据，先采用 k-均值法对这 30 个省份进行聚类分析，后在此基础上对 2020 年黄河流域 9 省份的碳减排潜力进行测算。本书将能源效率定义为单位能源消耗量所对应的产出增加值，通过计算实际情况与最优情况的差距得出现有生产力水平下的碳减排潜力，公式如下：

$$NE_i = \frac{y_i}{s_i} \qquad (6.12)$$

$$P_i = 1 - \frac{NE_i}{NE_m} = 1 - \frac{y_i}{s_i} \Big/ \frac{y_m}{s_m} \qquad (6.13)$$

式（6.12）和式（6.13）中，NE_i 为第 i 省的能源效率，P_i 为第 i 省的碳减排潜力，NE_m 为最优能源效率的参考值，则有 $NE_m = y_m / s_m$；y_i 为第 i 省的地区生产总值，s_i 为第 i 省的能源消费量。

二、碳减排潜力结果分析

根据碳减排潜力的评估方法要求，碳减排潜力评估是把能源效率最优省份的效率值作为参照，这意味着能源效率最优省份的碳减排潜力测算将为零。为了保证黄河流域各省份的碳减排潜力测算值非零且具有可比性，本书选取了我国 30 个省份进行聚类分析，并通过式（6.12）计算出了这 30 个省份的能源效率（见表 6-5）。

表 6-5　我国 30 个省份的能源效率情况

组别	省份	能源效率 （万元/吨标准煤）	总排名 （位）	组别	省份	能源效率 （万元/吨标准煤）	总排名 （位）
I	北京	5.34	1	II	江苏	2.11	14
	上海	3.49	2		山东	1.75	18

续表

组别	省份	能源效率 （万元/吨标准煤）	总排名 （位）	组别	省份	能源效率 （万元/吨标准煤）	总排名 （位）
II	广东	3.21	3		天津	1.72	19
III	河北	1.10	24		吉林	1.71	20
	山西	0.84	26		黑龙江	1.19	22
	内蒙古	0.64	29		江西	2.62	9
	辽宁	1.01	25		广西	1.88	17
	安徽	2.63	7		海南	2.44	12
	河南	2.46	11	V	重庆	2.82	5
	湖北	2.67	6		贵州	1.68	21
	湖南	2.57	10		云南	1.89	16
	四川	2.29	13		陕西	1.94	15
	新疆	0.73	27		甘肃	1.11	23
IV	浙江	2.62	8		青海	0.72	28
	福建	3.16	4		宁夏	0.49	30

结果显示，可以将这 30 个省份分为五类：第一类为北京和上海；第二类为江苏、山东和广东；第三类为河北、山西、内蒙古、辽宁、安徽、河南、湖北、湖南、四川和新疆；第四类为浙江和福建；第五类为天津、吉林、黑龙江、江西、广西、海南、重庆、贵州、云南、陕西、甘肃、青海和宁夏。

从黄河流域内的 9 省份来看，大部分省份的能源效率排在全国较后的位置，这说明黄河流域各省份的能源结构还有待进一步优化升级。从空间上来说，黄河流域 9 省份的能源效率呈现出"东南高、西北低"的分布特征，其中，河南和四川的能源效率最高，分别为 2.46 万元/吨标准煤和 2.29 万元/吨标准煤，宁夏的能源效率最低，为 0.49 万元/吨标准煤，流域内其他省份的能源效率则都低于 2 万元/吨标准煤。

根据表 6-5 分别选取北京、广东、湖北、福建和重庆的能源效率值作为这 5 组的参照值，并通过式（6.13）得出 2020 年黄河流域 9 省份的碳减排潜力，见图 6-4。

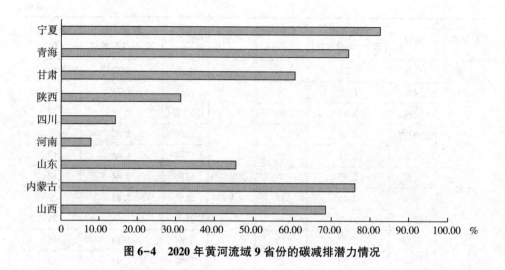

图6-4　2020年黄河流域9省份的碳减排潜力情况

从图6-4中可知,黄河流域9省份之间的碳减排潜力差距较大,其潜力大小与流域能源效率大小的分布情况相反,呈现出"西北高、东南低"的分布特征。其中,宁夏的碳减排潜力最高,达82.46%,内蒙古、青海、山西和甘肃次之,分别为76.06%、74.30%、68.52%和60.54%,这说明目前这些省份在能源生产中仍存在投入过剩的现象,能源效率还有很大的提升空间,未来在科技创新水平不断提高的基础上减排压力将有所缓解。山东位于我国华东地区,与流域内其他省份相比地理位置较优越、技术水平较高,这为其能源的高效利用提供了有利条件,碳减排潜力由此较低,但由于该省经济发展仍在很大程度上依赖于工业产值,因此产业结构还存在一定的调整空间。陕西和四川2省的碳排放量不高且能源效率较优,碳减排潜力也相应较小,分别为31.28%和14.15%。河南的碳减排潜力最低,只有7.88%。进一步观察各省份碳减排潜力与其累计碳排放权空间余额,可以发现两者之间表现出一定的相反性,碳减排潜力居于前列的宁夏、内蒙古、山西3省份都存在较大的碳排放权缺额;而碳减排潜力处于较低水平的陕西、四川、河南3省份却具有碳排放权盈余。

第五节　小结

该章节对黄河流域 9 省份的碳排放权进行了测算，并对其碳减排潜力进行了评估，结果表明：（1）黄河流域各省份碳排放权分配不均。2018—2030 年流域的碳排放权总量为 323.06 亿吨，碳排放权配额大部分集中于下游地区，中上游地区的碳权配额较少。2018—2030 年黄河流域 9 省份的碳排放权总量由大到小依次是山东、四川、河南、陕西、甘肃、山西、内蒙古、青海和宁夏。其中，配额总量最多的山东达 100.30 亿吨；配额总量最少的宁夏为 5.46 亿吨，两者之间的碳排放权配额总量相差了 94.84 亿吨。

（2）在现有的碳排放水平下，2018—2030 年黄河流域的理论碳排放权将累计出现 113.50 亿吨的配额欠缺。其中，内蒙古和山西的累计碳排放权空间余额最小，分别存在 78.34 亿吨和 51.38 亿吨的配额欠缺，属于严重赤字地区；宁夏为中度赤字地区，累计碳排放权空间余额为−17.58 亿吨；青海、甘肃和山东为轻微赤字地区，累计碳排放权赤字分别为 0.45 亿吨、5.56 亿吨和 7.94 亿吨；陕西、河南和四川则属于碳排放权盈余地区，余额分别为 2.66 亿吨、8.37 亿吨和 36.72 亿吨。

（3）黄河流域 9 省份之间的碳减排潜力差异较大，呈现出"西北高、东南低"的分布特征。其中，宁夏、内蒙古和青海的碳减排潜力较高，分别为 82.46%、76.06% 和 74.30%；山西、甘肃和山东的碳减排潜力处于居中水平；陕西和四川的碳减排潜力相对较小；河南最低，只有 7.88%。流域内各地区的碳减排潜力与其累计碳排放权空间余额呈现出一定的相反性，如碳减排潜力较高的内蒙古和山西存在较大的碳排放权缺额，碳减排潜力处于较低水平的陕西、四川、河南 3 省份却具有碳排放权盈余。

第七章 基于公共利益主体博弈的黄河流域生态补偿机制构建

近年来，随着工业化和城市化进程加快，污染物大量排放和资源过度利用等使环境承载力超出了自身极限，流域范围内经济与生态矛盾日益加剧。作为一种公共物品和公共资源，流域生态环境具备较强的外部性和溢出效应，涉及多方主体利益，在流域生态环境治理过程中呈现出"上游破坏、下游遭殃""上级不介入、下级不主动""搭便车"等治理矛盾和利益冲突，流域治理面临多方利益主体博弈竞争局面（张军，2014）。流域生态补偿机制作为一项重要制度安排，按照"污染则付费""受益需补偿"原则，能有效解决流域治理过程中的不平衡问题。黄河是我国重要的自然生态屏障，流域生态补偿机制在实施过程中难度较大，虽然各省份在黄河流域生态补偿探索进程中积累了一定的经验，但一些突出问题如责任主体不明确、补偿方式难协同等时有出现。本章将针对黄河流域生态补偿进程中涉及的公共利益主体进行博弈分析，探索黄河流域生态补偿机制的构建。

第一节 流域生态补偿的理论及实践研究

流域生态补偿机制研究主要分为理论和实践两个方面。我国关于生态补偿的理论研究始于 20 世纪 80 年代。张诚谦将生态学和经济学相结合，首次界定了生态补偿的概念，认为生态补偿就是人类将生态资源作用于经济社会以获取相关收益，并将部分收益反作用于生态保护。1998 年特大洪灾发生后，生态补偿被倾向于理解为受益方向环境保护方支付补偿费用（常杪、邬亮，2007）。此后，学者们从机制（常杪，2005）、全域（周映华，2007）、法律（毛涛，2008）、体制（麻智辉，2012）、产权（马永喜，2017）、政策工具（郝春旭，2019）等视角极大地拓展了生态补偿的概念。但流域生态补偿机制的构建仍需遵循"谁开发，谁保护""谁受益，谁补偿"原则，通过政府与市场等多方参与，综合运用法律、经济、政策管理等手段实现外部成本内部化，从而实现水资源可持续利用和流域内的公平（徐峰，2020）。与此同时，流域生态补偿实践研究也取得了进展。蒋毓琪等对国内外生态补偿实践进行案例分析，以期为该制度更好地实施汲取经验。黎元生聚焦闽江，提出"命运共同体"理念应在流域生态补偿改革进程中得到充分体现。其他学者则较为关注补偿主体确定问题，通过对国内跨省补偿的典型案例——"新安江模式"的研究和分析，认为主体的确定必须首要考虑资源环境承载能力（曹莉萍等，2019；程泉民等，2020）。总之，流域生态补偿机制在我国拥有较广的研究范围，已有相关的实践经验。

目前，流域生态补偿博弈分析可分为两个层面：一是上下游地方政府间的博弈。如王俊能等基于演化博弈分析方法，建议在构建补偿机制时适当引入激励惩罚机制以规范地方政府行为。通过对辽河进行博弈实证分析，强调了流域生态补偿机制在平衡生态利益中的重要性，并发现上下游地方政府签订有约束力的协议是摆脱"囚徒困境"的重要方式（富国、孙宇飞，2014）。二是中央或上级政府与地方政府间的博弈。例如韩凌芬等聚焦闽江，通过博弈分析发现以激励约束为表现形式的融合机制是促进政府间有效博弈的关键。徐大伟等构建了三方博弈模型，让中央政府参与其中，指出中央政府能有效缓解地方政府在自发博弈时产生的不平衡问题。有的学者基于微分博弈，分析不同主体参与不同类型流域生态补偿的情境，建议实行横向与纵向相结合的生态补偿财政转移支付机制（徐松鹤、韩传峰，2019）。之后，也有学者在传统的政府间博弈的基础上，将微观主体如企业纳入博弈分析中，在博弈论证的研究中运用仿真软件，探讨排污企业如何与政府产生更为有效的博弈结果（刘加伶、时岩钧，2019）。

当前，黄河流域生态补偿机制研究主要集中在相关生态立法、关于某段流域或区域补偿机制构建、补偿方式与标准等方面，研究难点主要体现在各个流域段水土保持与合作治理等方面。在实际研究中，张来章等注重理论与实践双重研究，提出水土保持方面的补偿核心和补偿方式。袁巍分析了黄河流域生态补偿现状，认为生态补偿是保护黄河生态环境的重要手段，并对相关立法提出了政策建议。2011年陕西省和甘肃省实现了渭河污染跨省同治后，黄河流域生态补偿机制构建不断向深层次发展。董战峰等从流域层面进行探究，为黄河流域生态补偿机制构建奠定了框架和思路；有学者从编制高水平规划、深化生态文明制度改革、构建流域市场协调机制3个方面对建设黄河流域生态保护机制提出建议（张贺全，2020）；杨玉霞等基于流域尺度聚焦黄河流域水生态补偿机制构建，提出基础研究与试点工作在水生态补偿中的意义；谢婧等基于国内外流域生态补偿实践，提出应加强流域管理机构如黄河水利委员会的管理。

综上所述，生态补偿机制相关研究有着较为深刻的理论认识与丰富的实践经验积累，但着眼于黄河流域生态补偿机制实践和博弈研究的文献还相对较少，且已有的关于黄河流域生态补偿博弈分析较少考虑到政府外的其他主体，一定程度上忽视了微观利益主体参与对博弈结果产生的利益均衡变化，可能会影响到博弈结论的客观全面性和政策建议的科学性。因此，有必要在博弈视角下，细分博弈主体，将微观利益主体纳入博弈分析，为黄河流域生态补偿机制构建提供更加完善的政策建议。

第二节　黄河流域生态补偿现状分析

一、生态补偿现状

黄河全长约5464千米，流域面积约79.5万平方千米，分为上、中、下游 3 个区域（王尧，2020）。受自然和人为因素影响，黄河流域生态环境较为脆弱，水环境问题突出。近年来，在中央政府高度重视及地方积极行动下，黄河流域生态补偿取得了系列成效。

（一）跨省份流域生态补偿探索成效初显

黄河流域早期的跨省份合作项目较少，从 2000 年年初开始以陕西和甘肃渭河跨流域合作等为代表，近年来跨省份合作项目探索较多，以河南和山东的跨区横向生态补偿合作等为代表，最新进展见表 7-1。

表 7-1　黄河流域跨省份合作项目最新进展

时间	相关省区	事件或文件	主要内容或成果
2021 年 5 月	山东、河南	签订《黄河流域（鲁豫段）横向生态保护补偿协议》	黄河流域首份省际横向生态补偿协议；水质下降一级，河南给山东 6000 万元；水质上升一级，山东给河南 6000 万元，"对赌"最高资金规模为 1 亿元
2021 年 7 月	宁夏、甘肃、内蒙古	共同建立黄河干流上下游省际横向生态补偿机制	宁夏与甘肃省政府层面有关黄河干流（甘肃—宁夏段）横向生态补偿协议已进入征求意见阶段；宁夏与内蒙古自治区就黄河干流横向生态补偿事宜正进行相关部门层面的会商
2021 年 8 月	四川、甘肃	签订《黄河流域（四川—甘肃段）横向生态补偿协议》	四川、甘肃两省按照 1∶1 共同出资 1 亿元设立黄河流域川甘横向生态补偿资金，专项用于流域内污染综合治理、生态环境保护环保能力建设等方面

2011 年 12 月，陕甘签订《渭河流域环境保护城市联盟框架协议》，实现黄河流域范围内首个由地方自发推动实施的、跨省流域上下游横向生态补偿试点，包含陕甘两省的六市一区在内，为全流域横向生态补偿积累了先行经验并起了良好开端。2021 年 5 月，山东省、河南省签订了黄河流域首个省际生态补偿协议《黄河流域（鲁豫段）横向生态补偿协议》，以黄河水质为考核内容，以 6000 万元为补偿标准，为探索生态产品价值计量打开了思路，有利于实现"保护责任共担、流域环境共治、生态效益共享"。

（二）省份内流域生态补偿实践成效显著

相较于跨省份生态补偿实践项目，在省内统筹推进生态补偿涉及主体较少，范围较窄，实施难度较小。近年来，沿黄9省份分别就各自水环境开展了相应的生态补偿实践，其中以河南、内蒙古、山东等为代表取得了切实成效。河南省生态补偿实施范围广，包括流域生态问题、水环境质量等方面，并制订了相应的补偿方案及办法，2021年针对黄河流域河南段还制订了专门的横向生态补偿实施规划；内蒙古分别于2016年和2019年印发《健全自治区生态保护补偿机制的实施意见》《内蒙古自治区生态环境损害赔偿制度改革实施方案》，并于2020年实现了生态补偿全覆盖；山东省印发了《山东省生态环境损害赔偿制度改革实施方案》等文件，在流域生态补偿试点区实行重点流域生态补偿考核，全面实行河长制。

（三）黄河流域横向生态补偿获得方案支撑

长期以来，中央及地方政府高度重视"母亲河"生态治理工作。例如，2019年9月18日，习近平总书记在河南郑州主持召开黄河流域生态保护和高质量发展座谈会并发表重要讲话。2021年10月22日，习近平总书记在山东济南主持召开深入推动黄河流域生态保护和高质量发展座谈会并发表重要讲话。两次重要讲话深刻阐明了黄河流域生态保护和高质量发展的重大意义，做出了加强黄河治理保护、推动黄河流域高质量发展的重大部署。2020年5月，财政部等4部门联合发布了《支持引导黄河全流域建立横向生态补偿机制试点实施方案》[①]（具体内容见表7-2），为黄河流域生态补偿确立了横向实施细则、健全了标准体系，为构建黄河上、中、下游齐治，干支流共治，左右岸同治的格局奠定了政策基础，正式拉开了黄河流域共抓保护与治理的横向生态补偿机制试点工作的序幕。

---

① 寇江泽. 四部门联合发布试点方案　建立黄河全流域试点横向生态补偿机制［J］. 中国环境监察，2020（5）：6.

表7-2 《支持引导黄河全流域建立横向生态补偿机制试点实施方案》主要内容

主要构成部分	补偿实施主要内容
补偿范围	沿黄9省（区）：山西省、陕西省、内蒙古自治区、山东省河南省、四川省、甘肃省、青海省、宁夏回族自治区
实施期限	2020—2022年进行试点
试点目标	一个实现：生态产品绿色价值；两大功能：自我造血功能和自我发展功能；促使绿水青山向金山银山转换；让黄河成为造福人民的"幸福河"等
基本原则	生态优先、绿色发展；全域推进、协同治理；平台支撑、资源共享；结果导向、讲求实效
主要措施	推动建立专门管理平台；中央财政专项资金引导；地方按要求推动建设横向生态补偿机制
组织保障	各部门各负其责各司其职；强化绩效管理；扎实推进协同治理

二、存在的主要问题

（一）协同机制欠缺

一方面，流域尺度不协同，全局意识缺乏。黄河流域涉及省份较多，流域内各主体利益诉求各不相同，"理性人假设"尤为明显，为追求沿黄省份内或流域段的利益最大化而忽略全局利益的现象时有发生，生态利益和经济利益难以协调。目前，政府间的生态补偿在黄河流域范围内实践较多，但大多停留在局部视角上，从黄河全流域宏观层面上而言，公共利益关系更为纷繁复杂，利益划分很难界定清楚。另一方面，补偿种类繁多，主、客体难以统一。在国家重点生态保护功能区的生态补偿中，补偿主体是中央政府，补偿客体是在国家政策指导下经济、农业生产发展受到限制的地方政府部门和相关农牧民；在跨界水污染和治理的生态补偿实践中，补偿主体是各区地方政府等利益主体，补偿客体是为保护水资源而水质水量受到不同程度影响的相关主体；在上下游间有关水源保护生态补偿具体实践中，补偿主体被认为是在水源保护过程中享受外部正效益的主体，补偿客体则是上游牺牲经济发展条件选择保护水源环境的各主体。[①] 因此需要正确区分不同类型，找到各自的

---

① 董战峰，郝春旭，璩爱玉，等．黄河流域生态补偿机制建设的思路与重点［J］．生态经济，2020，36（2）：196-201.

利益诉求，实现利益均衡。

（二）补偿机制不完善

一方面，补偿标准难统一，资金投入不足。黄河流域现有的生态补偿机制没有统一的实践标准，各省份根据自身的合作项目商定补偿标准与数额。在各省份生态环境各异、利益诉求不同的情况下，仅仅用数字这样的具体量化标准难以让各方利益主体达成共识。此外，补偿标准和资金的投入应当与受补偿地区所做出的环境贡献或为保护环境付出的机会成本成正比，但现实中机会成本中包含的环境账本、经济账本等很难算清。以三江源重要水源涵养区为例，三江源区每年可提供的生态产品和服务价值约 4920.7 亿元，为保护环境付出的机会成本为 369.7 亿元，需花费 129.72 亿元成本进行生态保护恢复，可见与生态补偿需花费的成本和带来的价值效益相比，补偿力度仍有欠缺。另一方面，补偿方式单一，多元化补偿路径不畅通。当前，黄河流域生态补偿资金以政府的财政转移支付、专项项目资金为主，补偿资金来源渠道狭窄，对政府财政投入支出呈明显的依赖性，而政府尤其是地方政府可用于生态补偿的专项资金往往是有限的，资金短缺也使得政府在自身利益和公共利益间难以做出取舍，且流域内缺乏更为广泛的社会融资平台，补偿资金、范围和力度有限。

（三）保障机制不健全

一方面，组织架构不健全，组织保障不足。当前，黄河流域已成立水利部黄河水利委员会，[①] 但其管理范围没有涉及黄河流域生态补偿全部的实施范围，也未将与生态补偿有关的各个部门纳入委员会进行统筹考虑。因此，黄河流域生态保护与补偿还需专门化、规范化的生态补偿有关组织机构进行统筹协调，确保生态补偿工作落到实处。另一方面，立法支撑不完善，法律保障不足。目前，中央和沿黄各省份根据区域情况和特点制定了相应的生态补偿立法实践，但我国仍缺乏一部统一规范流域生态补偿的立法，立法范

---

① 水利部黄河水利委员会（简称黄委会）成立于 1946 年 2 月，总部位于河南郑州，代表水利部行使所在流域内的水行政主管职责。

围和领域有待扩大。已有的实践大多呈现分散的点状或局部特征，涉及省份内多个地市或邻近两省，实施的范围较小，实施内容仅限于水质标准设定和水量使用等主要方面，对于各省份应承担的关于水资源保护的其他责任分担体现不明确，如水权交易的规定、水资源税、水污染治理中的排污权交易制度等方面。此外，创新实践不成熟，技术支撑不足。创新是驱动发展的核心要义，在生态补偿实施中，环境工程的建立、补偿机制的设立等也需要创新来增添动力。黄河流域生态环境与生态补偿尚未达到高质量标准，创新的绿色发展动力不足，① 水源涵养中的林草种植、环境治理中的产业升级和绿色生产等都需要创新技术支撑，生态补偿工作才能更有效地开展。

第三节　黄河流域生态补偿公共利益主体博弈分析

一、博弈层次划分及方法选择

博弈论是研究利益相关者就某一问题进行决策并探讨如何实现利益最大化的理论及方法。当双方采取的策略出现均衡状态时，便实现各自利益最大化（Myerson，1997）。黄河流域范围广，博弈中涉及主体较多，本书将其分为宏观（政府、中央政府）和微观（企业、民众）两个方面，并将博弈层次划分为 3 个层面：黄河流域上下游地方政府间的博弈；中央政府对地方政府进行监督和约束，在该情况下地方政府进行博弈；在生态补偿机制实施过程中，微观主体的积极参与可为流域保护工作增加新动力，因此第三层为地方政府与微观主体间的博弈。其中，在第一、第二层次的博弈分析中，由于政府彼此间掌握的信息可能是充分的，也可能双方需要多次协调才能确定补偿标准，因此需要对政府间的博弈进行静态和动态演化博弈分析；而在第

---

① 刘健华 . 生态保护与协同创新　助推黄河流域高质量发展 [N]. 河南日报，2019-10-29（6）.

三层次博弈中假设地方政府和企业为完全理性人且地位平等，选用完全信息静态博弈进行分析。

二、黄河流域上下游地方政府间的博弈

（一）基本假设和模型构建

本节分析做出以下两个假设：①该类博弈中有上游政府和下游政府两大利益主体，彼此为追求利益最大化进行博弈；②出于流域环境保护全局观或谋求自身发展"理性人"属性，上下游政府分别对应两种选择：保护和破坏，补偿和不补偿。假设 $R_上$ 为黄河流域上游地区不保护时的原始收益，$R_下$ 为黄河流域下游地区不保护时的原始收益，$r_{上增}$ 为上游选择保护所增加的环境效益，$r_{下增}$ 为流域环境好转使下游获得额外收益，C 为上游为保护流域付出的成本，B 为下游向上游支付的生态补偿额，$F_上$ 表示上游政府的支付函数，$F_下$ 表示下游的支付函数。

不同的策略选择会产生不同的支付函数，对于上下游政府而言，有下列 4 种策略选择：

（1）当黄河流域上游政府进行保护，下游政府选择补偿时，$F_上 = R_上 + r_{上增} + B - C$，$F_下 = R_下 + r_{下增} - B$；

（2）当黄河流域上游政府进行保护，下游政府不对其补偿时，$F_上 = R_上 + r_{上增} - C$，$F_下 = R_下 + r_{下增}$；

（3）当黄河流域上游政府选择不保护，下游选择补偿时，$F_上 = R_上 + B$，$F_下 = R_下 - B$；

（4）当黄河流域上游政府选择不保护，下游也不愿补偿时，$F_上 = R_上$，$F_下 = R_下$。

由上述不同策略选择下的支付函数组合得出黄河流域上下游地方政府间的收益矩阵，即博弈模型（如表 7-3 所示）。

表7-3　黄河流域上下游政府博弈模型

		下游政府	
		补偿	不补偿
上游政府	保护	$(R_上+r_{上增}+B-C,\ R_下+r_{下增}-B)$	$(R_上+r_{上增}-C,\ R_下+r_{下增})$
	不保护	$(R_上+B,\ R_下-B)$	$(R_上,\ R_下)$

（二）静态博弈分析

"理性人假设"是静态博弈分析的重要前提，上下游政府对彼此的策略选择种类及其收益函数十分了解，双方要么同时做出策略选择要么先后进行，但后者并不知道前者采取了何种行动（李宁等，2017）。根据表7-3，分析如下：

对黄河流域上游政府来说，保护时可提升的收益大于保护付出的代价时（$r_{上增}>C$ 即 $r_{上增}-C>0$），若下游政府愿意补偿，那么上游政府采用"保护策略"的收益将大于"不保护策略"的收益（$R_上+r_{上增}+B-C>R_上+B$）；若下游政府不愿对上游政府进行补偿，上游政府选择"保护策略"的收益依旧较大（$R_上+r_{上增}-C>R_上$）。则在该情况下，无论下游怎么做，上游选择"保护策略"都是最有利的行为。同理分析可得，当上游基于保护增加的利益小于保护成本（$r_{上增}<C$ 即 $r_{上增}-C<0$）时，无论下游怎么做，上游的占优策略都是"不保护策略"。

对黄河流域下游政府而言，若上游政府在流域治理中选择保护，下游政府选择"不补偿策略"会比"补偿策略"获得更多收益（$R_下+r_{下增}>R_下+r_{下增}-B$），若上游政府不愿对流域进行保护，同样"不补偿策略"会比"补偿策略"获得更多利益，即 $R_下>R_下-B$，因此，"不补偿策略"对下游而言始终最优。

综上，黄河流域静态博弈分析中的最优解组合是（不保护，不补偿），这样的策略组合对黄河流域发展来说有害而无利，因此，在静态博弈中，仅靠上下游政府自主博弈无法促进黄河流域可持续发展。

（三）动态演化博弈分析

在博弈过程中，博弈双方基于优先理性，难以在最初找到最优策略或最优均衡点，这时需要采用演化博弈理论，探讨动态的均衡。该分析建立在两个概念基础上：Evolutionarily Stable Strategy（ESS）和 Replication Dynamics。其中 ESS 为演化稳定策略，是指博弈方在博弈过程中根据情况不断改进有效策略并随时间推移不断趋向某个稳定策略；而 Replication Dynamics 为复制动态，以微分方程的形式表达某种特定的策略在博弈行为过程中被运用的频率。

假设上游政府保护黄河的概率为 x，则破坏黄河的概率为 $1-x$；黄河流域下游政府选择补偿上游政府的比例为 y，则不补偿的概率为 $1-y$。其中 $0 \leqslant x \leqslant 1$，$0 \leqslant y \leqslant 1$，且 x、y 随时间 t 不断变化。根据表 7-3，在动态演化博弈中，设上游政府"保护"时的期望收益为 E_{11}，"不保护"时的期望收益为 E_{12}，平均期望收益为 $\overline{E}_1$。得到收益函数如下：

$$E_{11} = y(R_{上}+r_{上增}+B-C)+(1-y)(R_{上}+r_{上增}-C) \tag{7.1}$$

$$E_{12} = y(R_{上}+B)+(1-y)R_{上} \tag{7.2}$$

$$\overline{E}_1 = xE_{11}+(1-x)E_{12} \tag{7.3}$$

由式（7.1）、式（7.2）、式（7.3）得到黄河流域上游政府采取"保护"策略时的复制动态方程为

$$F_{(x)} = \mathrm{d}_x/\mathrm{d}_t = x(E_{11}\overline{E}_1) = x(1-x)(r_{上增}-C) \tag{7.4}$$

则

$$F'_{(x)} = (1-2x)(r_{上增}-C) \tag{7.5}$$

同理，设黄河流域下游政府进行"补偿"和"不补偿"的期望收益及平均期望收益对应为 E_{21}、E_{22}、$\overline{E}_2$：

$$E_{21} = x(R_{下}+r_{下增}-B)+(1-x)(R_{下}-B) \tag{7.6}$$

$$E_{22} = x(R_{下}+r_{下增})+(1-x)R_{下} \tag{7.7}$$

$$\overline{E}_2 = yE_{21}+(1-y)E_{22} \tag{7.8}$$

由式（7.6）、式（7.7）、式（7.8）得到黄河流域下游政府采取"补偿"策略时的复制动态方程为

$$F_{(y)} = \mathrm{d}_y/\mathrm{d}_t = y(E_{21}\overline{E}_2) = y(1-y)(-B) \tag{7.9}$$

则

$$F'_{(y)} = (1-2y)(-B) \tag{7.10}$$

式（7.4）和式（7.9）组成该层面博弈的复制动态，现进行系统稳定性分析。

在动态演化博弈分析中，一般采用雅可比（Jacobi）矩阵进行局部均衡点稳定分析，通过表现函数的最佳线性逼近来检验博弈系统的稳定状态，在此基础上分析出博弈各方的策略选择倾向。上下游政府的（保护，补偿）在该层次博弈中为黄河流域的最佳策略组合，运用雅可比矩阵的目的在于检验该项策略选择是否处于稳定状态。由式（7.5）和式（7.10）组合而成的该系统雅可比矩阵如下：

$$J=\begin{bmatrix} \dfrac{\partial F(x)}{\partial x} & \dfrac{\partial F(x)}{\partial y} \\ \dfrac{\partial F(y)}{\partial x} & \dfrac{\partial F(y)}{\partial y} \end{bmatrix}=\begin{bmatrix} (1-2x)(r_{上增}-C) & 0 \\ 0 & (1-2y)(-B) \end{bmatrix} \quad (7.11)$$

则该矩阵的行列式和迹分别如下：

$$Det(J)=\frac{\partial F(x)}{\partial x}\times\frac{\partial F(y)}{\partial y}-\frac{\partial F(x)}{\partial y}\times\frac{\partial F(y)}{\partial x}=(1-2x)(1-2y)(r_{上增}-C)(-B)$$

$$(7.12)$$

$$Tr(J)=\frac{\partial F(x)}{\partial x}+\frac{\partial F(y)}{\partial y}=(1-2x)(r_{上增}-C)+(1-2y)(-B) \quad (7.13)$$

如前所述，在演化博弈系统中，稳定策略即最优策略（保护，补偿）的必要条件是（$x=1$，$y=1$）。而在雅可比矩阵分析中，成为稳定均衡策略的条件为 $Det(J)>0$，$Tr(J)<0$，此时若（保护，补偿）策略为稳定均衡策略，则将（$x=1$，$y=1$）代入式（7.12）和式（7.13）应满足以下两个条件，即

$$\begin{cases} Det(J)=B(C-r_{上增})>0 \\ Tr(J)=(C-r_{上增})+B<0 \end{cases} \quad (7.14)$$

由于在实际情况中，$B>0$，则由 $Det(J)=B(C-r_{上增})>0$ 推出 $C-r_{上增}>0$，由此得出（$C-r_{上增}$）$+B>0$ 与 $Tr(J)=$（$C-r_{上增}$）$+B<0$ 相矛盾。

因此，该方程组无解，表明（$x=1$，$y=1$）并不是该演化博弈系统的稳定策略，与前文静态博弈系统的分析结果一致，即通过黄河流域上下游政府间的自发博弈行为难以达到（保护，补偿）的最优策略行为。为此，后文将引入中央政府激励约束机制，探讨机制约束下的黄河流域地方政府间的博弈行为。

三、引入中央政府激励约束机制的黄河流域政府间博弈

(一) 基本假设和模型构建

在本层次博弈分析中，假设黄河流域上下游政府各自在流域保护中应尽的责任分别为保护和补偿。若二者履行相应的义务，则中央政府对二者进行奖励，若有一方履行了义务，而另一方违背约束机制，则只对履行义务方进行金额奖励，而对另一方实施惩罚（如图7-1所示）。基于该假设，现在第一层次博弈分析的假设变量基础上，新增3个变量：假设 b 为履行义务方获得的补偿奖励额，该金额由中央政府发放以奖励一方或双方的尽责行为；假设 H 为中央政府对仅有的不履行义务方的单方处罚额；假设 h 为上下游政府同时都不履行义务时，中央政府对双方的罚款额度。同理，得出引入激励约束机制后上下游政府的收益矩阵，即博弈模型（如表7-4所示）。

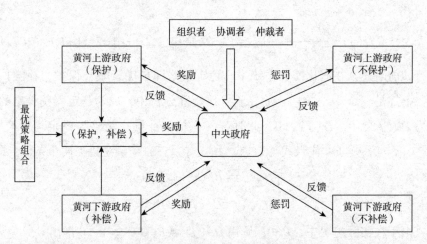

图 7-1　引入中央政府激励约束机制的黄河流域博弈分析基本框架

表 7-4　引入激励约束机制的黄河流域政府间博弈模型

		下游政府	
		补偿	不补偿
上游政府	保护	$(R_{上}+r_{上增}+B-C+b,\ R_{下}+r_{下增}-B+b)$	$(R_{上}+r_{上增}-C+b,\ R_{下}+r_{下增}-H)$
	不保护	$(R_{上}+B-H,\ R_{下}-B+b)$	$(R_{上}-h,\ R_{下}-h)$

（二）静态博弈分析

在引入激励约束机制的静态博弈中，黄河流域上下游政府基于完全"理性人假设"以期通过一次博弈达到最优组合策略，即要实现的目标为，对于黄河流域上游政府而言，无论下游政府是否对其进行补偿，上游政府采取"保护"策略的效益始终大于"不保护"策略的效益；对于黄河流域下游政府而言，无论上游政府保护与否，下游政府都会对其进行补偿，因为采取"补偿"策略获得的效益始终大于"不补偿"策略的效益。根据表7-4，满足黄河保护最优策略组合的条件式表示为

$$
\begin{cases}
\dfrac{R_上+r_{上增}+B-C+b>R_上+B-H}{R_上+r_{上增}-C+b>R_上-h} \\[2mm]
\dfrac{R_下+r_{下增}-B+b>R_下+r_{下增}-H}{R_下-B+b>R_下-h}
\end{cases}
\quad 即 \quad
\begin{cases}
H+b>C-r_{上增} \\
h+b>C-r_{上增} \\
H+b>B \\
h+b>B
\end{cases}
\tag{7.15}
$$

通过上述分析可知，若想在静态博弈下达到社会最优策略组合，需引入中央政府介入下的激励约束机制，且中央政府对地方政府的奖励和惩罚金额需满足不等式（7.15）。

（三）动态演化博弈分析

在动态演化博弈中，策略可能会因为某些原因产生变动，从而偏离均衡策略，而复制动态的作用就是对策略进行控制和调节使其恢复成演化稳定策略。该原理可用数学逻辑来表示：若 x^* 为演化稳定策略，当某干扰使得 $x<x^*$ 时，$dx/dt>0$，即演化稳定策略所在的复制动态方程的导数必须大于 0。当某干扰让 $x>x^*$ 时，$dx/dt<0$，即其导数必须小于 0。由表7-4得出中央政府实行激励约束机制的复制动态方程。同样将黄河流域上游政府的"保护"和"不保护"行为概率假设成 x 和 $1-x$；下游政府"补偿"和"不补偿"的概率设为 y 和 $1-y$。则对复制动态方程进行如下推导：

$$E_{11}=y(R_上+r_{上增}+B-C+b)+(1-y)(R_上+r_{上增}-C+b) \tag{7.16}$$

$$E_{12}=y(R_上+B-H)+(1-y)(R_上-h) \tag{7.17}$$

$$\overline{E}_1 = xE_{11} + (1-x)E_{12} \qquad (7.18)$$

由式（7.16）、式（7.17）、式（7.18）得到黄河流域上游政府采取"保护"策略时的复制动态方程为

$$G_{(x)} = \mathrm{d}_x/\mathrm{d}_t = x(E_{11}\overline{E}_1) = x(1-x)(yH - yh + b + h + r_{上增} - C) \qquad (7.19)$$

则

$$G_{(x)} = (1-2x)(yH - yh + b + h + r_{上增} - C) \qquad (7.20)$$

同理，黄河流域下游政府采取"补偿"和"不补偿"的期望收益及平均期望收益 E_{21}、E_{22}、$\overline{E}_2$ 分别如下：

$$E_{21} = x(R_下 + r_{下增} - B + b) + (1-x)(R_下 - B + b) \qquad (7.21)$$

$$E_{22} = x(R_下 + r_{下增} - H) + (1-x)(R_下 - h) \qquad (7.22)$$

$$\overline{E}_2 = yE_{21} + (1-y)E_{22} \qquad (7.23)$$

由式（7.21）、式（7.22）、式（7.23）得到黄河流域下游政府采取"补偿"策略时的复制动态方程为

$$G_{(y)} = \mathrm{d}_y/\mathrm{d}_t = y(E_{21} - \overline{E}_2) = y(1-y)(xH - xh + b + h - B) \qquad (7.24)$$

则

$$G_{(y)} = (1-2y)(xH - xh + b + h - B) \qquad (7.25)$$

式（7.19）和式（7.24）为该层次博弈的动态复制系统，现进行系统稳定性分析。

1. 黄河流域上游政府演化均衡策略分析

现由式（7.19）和式（7.20）对上游政府演化均衡策略分析：

①当 $y = y^* = \dfrac{C - r_{上增} - h - b}{H - h}$（$0 \leqslant y^* \leqslant 1$）时，

$G(x)$ 恒为 0，故任意 x 都使上游政府处于稳定状态，不满足黄河保护最优策略组合（保护，补偿）。

②当 $y > y^* = \dfrac{C - r_{上增} - h - b}{H - h}$（$0 \leqslant y^* \leqslant 1$）时，

若 $H > h$，此时 $G'(0) > 0$，$G'(1) < 0$，则 $x^* = 1$ 实现上游政府的演化稳定策略；若 $H < h$，此时 $G(0) < 0$，$G(1) > 0$，则 $x^* = 0$ 实现上游政府的演化稳定策略。故在 $y > y^*$ 情况下，满足（保护，补偿）的必要条件为 $H > h$。

③当 $y < y^* = \dfrac{C - r_{上增} - h - b}{H - h}$（$0 \leqslant y^* \leqslant 1$）时，

若 $H>h$，此时 $G'(0)<0$，$G'(1)>0$，则 $x^*=0$ 实现上游政府的演化稳定策略；若 $H<h$，此时 $G'(0)>0$，$G'(1)<0$，则 $x^*=1$ 达到演化稳定策略。故在 $y<y^*$ 情况下，满足（保护，补偿）的必要条件为 $H<h$。

综上，结合实际，随着时间的推进不断实现社会所期望的最优策略组合，y 会趋近于 1，且 $0<y^*<1$ 成立，则 $y>y^*$ 成立，符合情况②，根据分析，在满足 $H>h$ 条件下，才能实现社会最优策略组合。

2. 黄河流域下游政府演化均衡策略分析

同理，由方程（7.24）和式（7.25）对下游政府演化均衡策略分析如下：

①当 $x=x^*=\dfrac{B-b-h}{H-h}$（$0\leqslant x^*\leqslant1$）时，

$G(y)$ 恒为 0，故任意 y 都使得下游政府处于稳定状态，不满足黄河保护最优策略组合（保护，补偿）。

②当 $x>x^*=\dfrac{B-b-h}{H-h}$ 时，

若 $H>h$，此时 $G'(0)>0$，$G'(1)<0$，则 $y^*=1$ 实现下游政府的演化稳定策略；若 $H<h$，此时 $G'(0)<0$，$G'(1)>0$，则 $y^*=0$ 实现下游政府的演化稳定策略。故在 $x>x^*$ 情况下，满足（保护，补偿）的必要条件为 $H>h$。

③当 $x<x^*=\dfrac{B-b-h}{H-h}$ 时，

若 $H>h$，此时 $G(0)<0$，$G(1)>0$，则 $y^*=0$ 实现下游政府的演化稳定策略；若 $H<h$，此时 $G(0)>0$，$G(1)<0$，则 $y^*=1$ 达到演化稳定策略。故在 $y<y^*$ 情况下，满足（保护，补偿）的必要条件为 $H<h$。

综上，结合实际，随着时间的推进不断实现黄河保护最优策略组合，则 x 会趋近 1，且 $0<x^*<1$ 成立，则 $x>x^*$ 成立，符合情况②，根据分析，在满足 $H>h$ 条件下，才能实现黄河保护最优策略组合。

3. 黄河流域上下游演化博弈稳定性分析

式（7.20）和式（7.25）形成的动态复制系统的雅可比矩阵如下：

$$J=\begin{bmatrix} \dfrac{\partial G(x)}{\partial x} & \dfrac{\partial G(x)}{\partial y} \\ \dfrac{\partial G(y)}{\partial x} & \dfrac{\partial G(y)}{\partial y} \end{bmatrix}=\begin{bmatrix} (1-2x)(yH-yh+b+h+r_{上增}-C) & x(1-x)(H-h) \\ y(1-y)(H-h) & (1-2y)(xH-xh+b+h-B) \end{bmatrix}$$

$$(7.26)$$

则该矩阵的行列式和迹分别如下：

$$Det(J)=\frac{\partial G(x)}{\partial x}\times\frac{\partial G(y)}{\partial y}-\frac{\partial G(x)}{\partial y}\times\frac{\partial G(y)}{\partial x}=(1-2x)$$

$$(yH-yh+b+h+r_{上增}-C)(1-2y)(xH-xh+b+h-B)-x(1-x)(H-h)y(1-y)(H-h)$$

$$(7.27)$$

$$Tr(J)=\frac{\partial G(x)}{\partial x}+\frac{\partial G(y)}{\partial y}=(1-2x)(yH-yh+b+h+r_{上增}-C)+(1-2y)(xH-xh+b+h-B)$$

$$(7.28)$$

在式（7.19）和式（7.24）形成的动态复制系统中，动态均衡点组合分别有（0，0）、（0，1）、（1，0）、（1，1）和（x^*，y^*）。将各均衡点代入式（7.27）和式（7.28）可得到各自的行列式和迹如下：

①当 $x=0$，$y=0$ 时，$Det(J)=(b+h+r_{上增}-C)(b+h-B)$，$Tr(J)=(b+h+r_{上增}-C)+(b+h-B)$

②当 $x=0$，$y=1$ 时，$Det(J)=-(b+H+r_{上增}-C)(b+h-B)$，$Tr(J)=(b+H+r_{上增}-C)-(b+h-B)$

③当 $x=1$，$y=0$ 时，$Det(J)=-(b+h+r_{上增}-C)(b+H-B)$，$Tr(J)=-(b+H+r_{上增}-C)+(b+H-B)$

④当 $x=1$，$y=1$ 时，$Det(J)=(b+H+r_{上增}-C)(b+H-B)$，$Tr(J)=-(b+H+r_{上增}-C)-(b+H-B)$

⑤当 $x=x^*$，$y=y^*$ 时，$Det(J)=\dfrac{(B-b-h)(C-r_{上增}-h-b)(H-B+b)(H-C+r_{上增}+b)}{(H-h)^2}$，$Tr(J)=0$

由于（1，1）是满足最优策略组合的稳定均衡点，因此实现（保护，补偿）必须满足的条件为

$$\begin{cases} Det(J) = (b+H+r_{上增}-C)(b+H-B) > 0 \\ Tr(J) = -(b+H+r_{上增}-C)-(b+H-B) < 0 \end{cases}$$

即
$$\begin{cases} b+H+r_{上增}-C > 0 \\ b+H-B < 0 \end{cases} \tag{7.29}$$

不等式（7.29）就是黄河保护最优策略组合（保护，补偿）的演化稳定均衡条件。鉴于黄河流域实际情况可能较为复杂，为保证该策略在演化博弈的唯一性和均衡性，还需在满足不等式（7.29）的前提下，进一步分析除（1，1）外其他均衡点的稳定状态。

由①到⑤和式（7.29）可知，通过分析 $b+h+r_{上增}-C$ 和 $b+h-B$ 的正负情况，可以进一步得到其他均衡点的稳定状态。假设 $b+h+r_{上增}-C \neq 0$，$b+h-B \neq 0$，那么各自的 $Det(J)$、$Tr(J)$ 值及稳定性分析如下（需要说明的是其中鞍点为博弈系统的临界点，正负号±表示结果可能为负值，也可能为正值）。

⑥当 $\begin{cases} b+h+r_{上增}-C > 0 \\ b+h-B > 0 \end{cases}$ 时，黄河流域上下游政府的演化稳定均衡点分析见表7-5。

表7-5　黄河流域上下游政府间演化稳定均衡点分析

均衡点	$Det(J)$	$Tr(J)$	稳定性
（0，0）	+	+	不稳定
（0，1）	−	±	不稳定
（1，0）	−	±	不稳定
（1，1）	+	−	ESS
(x^*, y^*)	−	0	鞍点

⑦当 $\begin{cases} b+h+r_{上增}-C > 0 \\ b+h-B < 0 \end{cases}$ 时，黄河流域上下游政府的演化稳定均衡点分析见表7-6。

表 7-6　黄河流域上下游政府间演化稳定均衡点分析

均衡点	$Det(J)$	$Tr(J)$	稳定性
$(0, 0)$	−	±	不稳定
$(0, 1)$	+	+	不稳定
$(1, 0)$	−	±	不稳定
$(1, 1)$	+	−	ESS
(x^*, y^*)	+	0	鞍点

⑧当 $\begin{cases} b+h+r_{上增}-C<0 \\ b+h-B>0 \end{cases}$ 时，黄河流域上下游政府的演化稳定均衡点分析见表 7-7。

表 7-7　黄河流域上下游政府间演化稳定均衡点分析

均衡点	$Det(J)$	$Tr(J)$	稳定性
$(0, 0)$	−	±	不稳定
$(0, 1)$	−	±	不稳定
$(1, 0)$	+	+	不稳定
$(1, 1)$	+	−	ESS
(x^*, y^*)	+	0	鞍点

⑨当 $\begin{cases} b+h+r_{上增}-C<0 \\ b+h-B<0 \end{cases}$ 时，黄河流域上下游政府的演化稳定均衡点分析见表 7-8。

表 7-8　黄河流域上下游政府间演化稳定均衡点分析

均衡点	$Det(J)$	$Tr(J)$	稳定性
$(0, 0)$	+	−	ESS
$(0, 1)$	+	+	不稳定
$(1, 0)$	+	+	不稳定
$(1, 1)$	+	−	ESS
(x^*, y^*)	−	0	鞍点

表7-8中演化稳定策略选择有两个，而表7-5和表7-6都只有一个演化稳定策略且满足最优策略组合，因此最优策略组合不仅要满足条件式（7.29），还要满足不等式组⑥或⑦或⑧；当 $b+h+r_{上增}-C=0$ 或 $b+h-B=0$ 时，⑥⑦⑧条件下不会出现新的演化稳定策略，原来的最优策略仍是唯一演化策略；根据式（7.29），当 $b+H+r_{上增}-C>0$ 时，无论 $b+H-B$ 取值如何，演化稳定策略仍有唯一解。综上，在中央政府激励约束下，黄河流域最优策略（保护，补偿）需满足以下条件：

$$
\begin{cases} H+b>C-r_{上增} \\ H+b>B \\ b+h\geqslant C-r_{上增} \\ H>h \end{cases}
\text{或}
\begin{cases} H+b>C-r_{上增} \\ H+b>B \\ B\leqslant b+h<C-r_{上增} \\ H>h \end{cases}
\tag{7.30}
$$

四、黄河流域微观利益主体与地方政府间的博弈

（一）基本假设与参数设定

该层次分析基于两个基本假设：一是流域环境产权明晰且具有稀缺性，二是博弈双方作为理性人追求自身效益最大化。在黄河流域中，假设企业选择生态型生产方式或民众选择生态型生活方式时多花费的成本为 C，政府为奖励其生态型方式对其进行数额为 D 的补偿。而当企业或民众实现了社会责任采取生态型生产和生活方式时，地方政府未兑现对企业和民众的补偿承诺，企业和民众通过申诉途径期望得到利益为 A。基于上述假设，构建微观主体与政府的博弈矩阵如表7-9所示。

表7-9　黄河流域微观利益主体与地方政府间博弈模型

		地方政府	
		补偿	不补偿
企业或民众	传统型生产生活方式	$(D, -D)$	$(0, 0)$
	生态型生产生活方式	$(D-C, -D)$	$(A-C, -A)$

（二）黄河流域企业及民众与地方政府间的博弈

根据表 7-9 的博弈模型，假设黄河流域地方政府对沿黄企业和民众进行补偿的概率为 α，反之不补偿的概率为 $1-\alpha$，则地方政府的混合策略选择可表示为 $S_G=(\alpha,1-\alpha)$；假设企业和民众采取生态型生产和生活方式的概率为 β，反之选择传统污染型生产和生活方式的概率为 $1-\beta$，则企业和民众的混合策略选择可表示为 $S_N=(\beta,1-\beta)$。则用函数表示黄河流域地方政府的期望效用如下：

$$U_G=(S_G,S_N)=\alpha[\beta(-D)+(1-\beta)(-D)]+(1-\alpha)[\beta(-A)+0(1-\beta)]$$
$$=\alpha(A\beta-D)-A\beta$$

则 $U_G'=\dfrac{\partial U_G}{\partial \alpha}=A\beta-D$

令 $U_G'=0$，$A\beta-D=0$，即得到黄河流域地方政府效用函数最大化的条件为 $\beta^*=D/A$。

因此，在混合战略均衡条件下，沿黄企业和民众选择生态型生产和生活方式的概率为 D/A，选择传统型生产和生活方式的概率为 $1-D/A$，当企业和民众选择生态型生产和生活方式的概率 $\beta>D/A$ 时，黄河流域地方政府会对企业和民众进行补偿；当沿黄企业和民众选择生态型生产和生活方式的概率 $\beta<D/A$ 时，黄河流域地方政府不会对企业和民众进行补偿；当沿黄企业和民众选择生态型生产和生活方式的概率 $\beta=D/A$ 时，黄河流域地方政府是否会对企业和民众进行补偿具有不确定性。

同理可得，沿黄企业和民众的期望效用函数如下：

$$U_N=(S_G,S_N)=\beta[\alpha(D-C)+(1-\alpha)(A-C)]+(1-\beta)[\alpha D+0(1-\alpha)]$$
$$=\beta(A-C-A\alpha)+\alpha D$$

则

$$U_N'=\frac{\partial U_N}{\partial \beta}=A-C-A\alpha$$

令 $U_N'=0$，$A-C-A\alpha=0$，即得到沿黄企业和民众效用函数最大化的条件为 $\alpha^*=(A-C)/A=1-C/A$。

因此，在混合战略均衡条件下，黄河流域地方政府选择补偿的概率为 $1-C/A$，选择不补偿的概率为 C/A，当黄河流域地方政府选择补偿的概率 $\alpha>1-C/A$ 时，沿黄企业和民众更愿意选择生态型生产和生活方式；当黄河流域地方政府选择补偿的概率 $\alpha<1-C/A$ 时，沿黄企业和民众则不愿意选择生态型生产和生活方式；当黄河流域地方政府选择补偿的概率 $\alpha=1-C/A$ 时，沿黄企业和民众是否愿意改变传统生产生活方式具有不确定性。

第四节　小结

通过上述博弈分析，本书得出以下结论：建立黄河流域生态补偿机制是一项复杂而系统的工程，需要考虑多方利益主体的利益；上下游政府出于各自的复杂利益考虑，自发形成的博弈难以实现整个流域的共赢局面，在上级政府进行监管时，地方政府更容易达成合作的状态；微观利益群体也可以是流域生态补偿的积极参与者和建设者，且政府的补贴和宣传越到位，企业和民众的参与性越强。除考虑生态补偿中涉及的上述公共利益主体博弈关系外，还应结合黄河流域生态补偿实际，尤其是已取得的成效和存在的困境，对生态补偿措施进行不断补充和完善，包括补偿力度、补偿方式等，下文将基于博弈分析结果并结合黄河实际情况提出相应的政策建议。

第八章　黄河流域低碳发展转型的路径

第一节　加强黄河流域碳排放多元主体协同合作治理

黄河流域9省份协同合作水平较低，一体化发展机制不健全，经济发展动能落后等问题凸显，为实现黄河流域高质量发展，必须增强黄河流域碳排放治理的协调合作能力。

一、建立健全流域一体化发展机制

建立健全黄河流域一体化发展机制，包括产业协同合作机制、资源开发协同合作机制和生态协同合作机制等。积极构建黄河流域横向生态补偿机制，以"共同抓好大保护、协同推进大治理"为主要内容，建立"政府主导、区域联动、部门协作、企业履责、公众参与"的多元化、市场化、可持续的生态补偿政策机制。积极构建协同发展机制，完善多层级的协作机制、费用分担和收益分享机制，提升流域经济一体化程度。由中央牵头，9省份积极参与，抢抓战略机遇，使黄河流域9省份的资源、资金、技术等要素充分发挥作用，实现流域上下游的协调发展。同时，制定完善的环保规制政策，加强政策的执行与监督力度，完善并严格实施节能环保法律法规等。

（1）多元主体分工协作是黄河流域碳排放合作治理的基础，也是影响黄河流域高质量发展和碳排放治理绩效的关键，需要流域政府和部门对流域碳排放治理政策和相关流程做出详尽的安排。第一，完善黄河流域碳排放治理协同合作机制，成立超越行政区划并具有较高权威性的协调机构，编制黄河流域碳排放治理整体规划和高质量发展规划，协调流域9省份之间生态保护、经济合作、产业分工、资源能源等。同时，充分发挥市场机制的作用，完善黄河流域碳排放治理协同合作政策落实的监督考评机制。建立高级别决策咨询机构，成立黄河流域碳排放治理多元主体合作发展专家委员会。第二，构建多层次合作体系，实行黄河流域合作决策层、协调层和执行层三级运作模式，整体设计合作机制，分类合作和管理，提高合作决策落实效率。第三，推动黄河流域碳排放多元主体协同治理相关立法工作，以法案的形式推动流域碳排放治理的协同合作。将流域碳排放多元主体协作方式规范化、制度化，以法律制度的形式固定碳排放治理等相关重点合作项目，提高对合作主体的约束效力。建立合作奖罚机制约束合作主体对流域碳排放治理过程中的任意干预，建立监督机制约束合作主体偏离公平原则的权力运用行为。

（2）建立健全信息报告及反馈制度，特别是要进一步完善各级间的汇报机制，防止出现由于数据的缺失而导致的机会主义。第一，建立系统的碳排放核算、申报和核查体系，并制定信息速报制度，对审批过程进行优化，以避免审批和办事流程的复杂化，减少无效、失效或不对称的信息，提升报告数据的处理和分析水平。在此基础上，通过对碳排放因子的计算与数据的质量监控，提升其计量精度，以指导企业建立标准科学的碳排放数据管理体系。第二，做好信息披露工作，提高污染物排放信息披露质量。黄河流域各环保部门要督促重点排污企业及时公布有关信息，定期公布治理工作取得的最新进展，在每年的统计公报中列入减少温室效应及处理气候变化问题的资料。第三，要将企业的环保主体责任贯彻到实处，构建信用评价制度，促使其展开独立或者第三方监测，并对社会公开真实的环境信息。需要注意的是，在治理过程中，除了直接进行相关治理政策执行工作的人员外，还有一些其他组织也同样可以进行监督工作，如新闻媒体、政协以及防控监测中心等，这些机构或团体同样发挥着不可忽视的重要作用，在信息反馈工作中可以充当信息沟通的桥梁。

（3）为保障各参与主体间信息及时有效沟通及利益诉求平等协商，有必要搭建全方位的沟通对话平台，使各方主体参与其中，为构建与完善黄河流域碳排放治理建言献策。首先，上级政府本着实现流域全局低碳发展目标，通过会议、座谈会等形式营造交流机会，使多元主体积极表达需求与建议。建立黄河流域碳排放治理协会或组织，适当选择各方参与代表，进行多方谈判。其中政府人员可充当组织者和中介人角色，各行业专家作为技术指导参与其中。所需的专业人士包括农、林、牧等各个民生部门的专家学者，其发表专业见解，提供理论和数据支撑；企业和民众代表也应参与其中，充分提供一手资料和一线实践现状，及时反映实施过程中的典型难题。在该类对话平台上，各方主体积极讨论、集思广益，加深对流域碳排放治理的认识，促进各方交流与信任，提升决策民主性与科学性。其次，进一步积极发挥和完善黄河水利委员会在黄河流域碳排放治理与监督等方面的职能，在此基础上设立黄河流域日常办公机构，由国家层面牵头、黄河流域地方职能机构参与，专业分工、科学议事，对于有关黄河流域碳排放治理重大工程项目的立项和建设，进行共同谋划和决策，将各方意见作为参考依据。此外，在制度约束方面，为了防止在协作过程中的无序性和不稳定性，必须对合作制度进行相关规定，将相互间的合作沟通过程纳入标准化轨道，以确保合作的顺利进行。黄河流域途经9个省（区），在不同的行政区域间存在过于复杂的行政审批程序，对在各城市间的碳排放与空气污染物排放治理的一致性产生负面影响，从而妨碍了城市群协同治理进程的深化，针对目前黄河流域行政格局，需要得到政府力量的鼓励，由中央政府领导专门设立黄河流域碳排放协同治理机构，从全局出发控制碳排放。由于碳排放具有公共物品的属性，并呈现跨区域流动性，是影响多方的事务，不应该被切分给各个行政机构单独施行，而应由各个区域体之间相互协调与整合，从而使其得到正确处理。同时，黄河流域各省市区域间的协同治理工作，在做好纵向和横向的协调工作之外，必须建立、落实跨部门之间的联系制度和结构，进行有效的信息传递和落实责任制度，以应对日益复杂的形势。

（4）进一步完善黄河流域协同发展治理体系——黄河流域协同发展的政府治理体系。一是完善流域地方政府合作治理机制。成立"黄河流域高质量发展联盟"。联合九省份工商联，制订黄河流域产业发展规划，结合流域上、中、下游不同地区的资源禀赋优势，主要从传统优势产业转型升级和新兴支柱产业培育壮大两个方面着手进行具体规划，借助产业转移、产业集群延伸产业价值链，推动黄河流域经济高质量发展，提升"黄河经济协作区"的权威性和地位。①联合9省份工商联，为企业合作搭建交流平台，推动企业的创新合作以及帮扶对接，促进流域整体经济高质量发展。成立"黄河流域生态治理咨询委员会"。②联合9省份政府咨询委员会，遴选环境治理顶级咨询专家，针对黄河流域环境问题，结合资源现状及生态条件，提供有针对性的政策建议和决策咨询。二是完善流域地方政府合作治理运行机制。高效的运行机制是黄河流域地方政府间合作机制有效运作的关键，因此，需要进一步明确政府间合作运行机制，完善决策机制。①收集需要地方政府合作的相关信息，筛选甄别后形成决策议题，最终完成决策议案。②建立强制执行机制。根据决策议案，制订执行方案，明确方案执行责任，并交付执行。9省份政府在方案执行过程中，要定期上报执行情况。③建立监督机制。上级部门对执行方案的信息反馈情况进行分析后，开展严密调查并提出协调方案。④建立协调机制。协调机制的设计贯穿机构设计和决策、执行和监督机制设计之中。在流域生态保护和高质量发展的战略下，形成以黄河流域水资源和生态环境为纽带的利益协调机制，在机构设计和机制设计中完成对利益协调的体现，使合作各方的利益都得到合理保证。三是完善流域地方政府合作治理制度保障。黄河流域生态保护和高质量发展过程中的地方政府合作，特别需要制定相关政策、章程和协议并将其作为制度保障。①根据国家对黄河流域经济社会发展的定位，制定包含流域环境治理、产业协作、社会发展、文化交流等方面的合作政策。同时，在促进流域经济社会发展的基础上，提出相应的支持流域合作发展的措施，引导流域向国家战略设计的方向发展。②制定合作章程，提出落实合作政策的具体合作章程，如合作原则、合作内容等。在合作章程的框架下，提出职能部门的合作机制，如日常工作机制、临时协商机制等。同时，根据合作章程的规定，提出责任追究原则。

二、构建黄河流域协同发展的社会治理体系

（一）构建流域社会治理格局

（1）促进社会组织与政府的合作，建立社会组织参与流域政策制定的相关制度。拓宽流域内企业、高校、群众等社会组织参与政策制定的渠道、提高各类社会组织参与政策制定的程度、依托企业平台提升各类社会组织参与政策制定的能力等多种举措。

（2）确定社会组织参与流域政策制定的内容。重点推进社会组织和地方政府在生态环境治理监督、社会治理监督等领域的合作。同时，政府要发挥主导作用以克服合作失灵所带来的各种问题，通过协同合作治理来实现政府治理和社会自我调节、居民自治的良性互动。

（3）建立多元互动的社会治理模式。构建适应黄河流域实际的社会合作治理体系，实现社会组织和企业的双向融合。在社会治理中引入企业管理理念、协助社会组织进行能力建设，提升其参与社会治理的能力，降低社会组织对政府的依赖，拓宽资金来源渠道，帮助社会组织改进管理理念和技能，为社会组织发展提供更多的机会和平台。同时，发挥社会组织弥补政府治理和市场治理不足的天然优势，在市场不愿做而政府又不适合做的领域充分决策，实现在公共政策制定实施过程中的政社互动。

（4）完善流域社会合作治理制度保障。一是建立黄河流域社会合作治理机制。根据国家对黄河流域经济社会发展的定位，制定包含流域生态环境治理、社会治理、文化治理等方面的群众参与合作治理政策，激活社会力量，提高民众对流域社会治理的参与度。二是制定社会合作治理章程。提出落实合作政策的具体合作章程，如合作内容、合作原则等。三是在合作治理章程的框架下，提出日常合作、临时协商等社会合作治理机制。同时，根据合作章程的规定，提出责任追究原则。

(二) 构建黄河流域协同发展的市场治理体系

（1）建立黄河流域治理市场机制。一是在流域生态治理中引入市场机制，完善水权交易一体化建设。构建水权交易机制，实现水资源通过水权交易进行价格转让。二是建立流域生态补偿机制，形成多元化的补偿体系。考虑企业的异质性，以及不同区域的补偿需求，改变流域以政府补偿为主的传统模式，实现以市场补偿为主，社会补偿为辅的补偿体系。三是在流域政府治理中引入市场机制，推进流域治理现代化。通过适当的市场竞争机制影响政府治理模式和行为，规避政府治理失灵，提高政府治理效率。四是在流域社会治理中引入市场机制。在流域公共服务供给中的城市开发、基础设施建设、公共事业等方面引入私营企业，通过企业的运行模式和规则，提高流域治理效能。

（2）完善流域企业合作治理机制。一是成立"黄河流域企业创新联盟"。联合9省份工商联，成立流域企业联盟，实现流域上下游企业的技术对接，完成下游企业对上游企业的技术帮扶，提高营运效益。反过来，企业再对流域环境治理、社会治理、文化治理等方面提供资金、物质和人力资源方面的支持，帮助政府和社会组织改进管理理念和技能，保障黄河流域协同发展。二是提升"黄河经济协作区"的权威性和地位。联合9省份工商联，遴选各省重要商会组成，主要为企业合作搭建交流平台，使经济协作区的作用最大化发挥，推动企业的创新合作。

（3）完善流域企业合作治理制度保障。一是建立黄河流域企业合作治理机制。根据国家对黄河流域经济社会发展的定位，制定包含流域生态环境治理、社会治理、文化治理等方面的企业参与合作治理政策，提高企业对流域环境治理、社会治理、文化治理的参与度。二是制定企业合作治理章程。提出落实合作政策的具体合作章程，如合作原则、合作内容等。三是在合作治理章程的框架下，提出日常合作、临时协商等企业合作治理机制。同时，根据合作章程的规定，提出责任追究原则。

第二节　发挥流域各省份优势，探索新兴产业发展及碳减排模式

流域流经不同区域，城镇和产业均沿河道进行分布，从而构成一个带型的经济空间，各个区域间存在密切关联，同时存在相应的差异。流域经济将自然、经济、社会等多个要素融合在一起，形成了一个多维度、多层次的经济区域，黄河流域上游地区具有丰富的光能、风能、水能等清洁能源，黄河流域中下游地区产业结构则更加高级，科学技术水平相对领先，是流域经济发展的重心。流域经济绿色发展是新时期践行习近平生态文明思想的重大举措，因此，贯彻绿色发展理念，以绿色促转型，应准确识别黄河流域各省份优势，在流域高质量发展的战略目标领导下，发挥流域各省份优势，加强流域城市群建设（见表8-1）。

表 8-1　黄河流域城市群

城市群	流域	城市群构成
呼包鄂榆城市群	上游	呼和浩特市、包头市、鄂尔多斯市、榆林市
宁夏沿黄城市群		银川市、石嘴山市、吴忠市、中卫市
兰西城市群		兰州市、白银市、定西市、临夏州、西宁市、海东市、海北州、黄南州、海南州
关中平原城市群	中游	西安市、铜川市、宝鸡市、咸阳市、渭南市、杨凌示范区、商洛市、运城市、临汾市、天水市、平凉市、庆阳市
晋中城市群		太原市、阳泉市、长治市、晋中市、忻州市、吕梁市
山东半岛城市群	下游	济南市、青岛市、淄博市、枣庄市、东营市、烟台市、潍坊市、济宁市、泰安市、威海市、日照市、临沂市、德州市、聊城市、滨州市、菏泽市
中原城市群		郑州市、开封市、洛阳市、平顶山市、鹤壁市、新乡市、焦作市、许昌市、漯河市、商丘市、周口市、济源市、晋城市、亳州市

一、做好重大产业布局设计

黄河流域在利用好各省份不同禀赋优势的前提下，要把握机遇，夯实流域新兴产业发展的基础，推动黄河流域经济向高质量发展迈出更大步伐（流域9省份高质量发展总指数详见表8-2）。此外，依据科技前沿动态和宏观经济发展态势，系统、科学地规划与设计流域产业体系及其布局，最终辐射带动黄河流域的整体协调发展。

表8-2　2013—2018年黄河流域9省份高质量发展总指数

省份	2013年	2014年	2015年	2016年	2017年	2018年
山东	0.4871	0.4599	0.5174	0.5713	0.5777	0.5987
陕西	0.4058	0.4279	0.4268	0.4833	0.5264	0.5640
河南	0.3989	0.3654	0.3973	0.4562	0.5254	0.5725
山西	0.3787	0.4417	0.4740	0.5224	0.5401	0.4975
内蒙古	0.3248	0.3475	0.3702	0.3802	0.3594	0.4479
四川	0.4468	0.4258	0.4458	0.4601	0.4447	0.4193
宁夏	0.3585	0.3400	0.3459	0.3280	0.3558	0.3720
青海	0.2416	0.2761	0.2782	0.2635	0.2591	0.3463
甘肃	0.3096	0.3340	0.3012	0.2553	0.3211	0.3165
黄河流域	0.3880	0.3909	0.4263	0.4689	0.4455	0.4789
上游均值	0.3391	0.3439	0.3427	0.3267	0.3451	0.3635
中游均值	0.3697	0.4057	0.4236	0.4619	0.4753	0.5031
下游均值	0.4430	0.4126	0.4573	0.5137	0.5515	0.5856

（1）黄河上游水资源丰富、生态环境良好，是流域生态功能重要地区及水源涵养区，在功能划分上应以水资源保护、提升水源涵养为重点，加强生态保护与监管，改善自然生态环境，以此提升水源涵养功能，促进河流生态健康，并推动以三江源、祁连山、甘南高原为核心生态保护区的环境保护与开发。同时，将流域生态保护与经济发展有机结合，推动生态脆弱区、能矿资源富集区的转型发展和特色发展，升级产业结构，引入或发展高增值及可吸收大量劳动力的中高端产业，促进流域中的资源型城市转型升级，上游兰

州—西宁—银川三大城市则可以充分利用自身的设备制造业和电器电子工业的优势，着力培养优势产业和骨干企业，推动形成西部的高端制造业，将黄河上游城市群建成为高端装备、高端化工、新一代信息技术、新能源新材料的国家级产业基地；太阳能和风能主要分布于西北部的内蒙古、甘肃、青海、宁夏，因此可以在此打造以能源为产业链的产业分布，充分考虑能源资源的稀缺性与环境的承载力，通过开发替代的新能源、绿色低碳技术、绿色金融的支撑以及改变消费和环保行为，引进先进的能源开采技术，扩大可持续发展能源的规模，如太阳能，风力和水电，提高能源利用效率，对日照时间长，风能资源丰富的平原及高原地区发展风力发电、光伏发电，促进能源消费结构进一步优化，逐步完成能源产业结构的调整和升级换代。

（2）黄河流域的中下游是流域内经济发展水平较高的区域，山东、河南和陕西等省份已完成了经济动能的新一轮转型，创新动力充足，经济效益与社会生态效益双向提升，创新优势不断累积。山西、陕西、内蒙古、宁夏4省（区）的邻接区域拥有丰富的煤炭资源，天然气资源富集，可以进一步推动能源和战略资源基地的优化提升，从而达到绿色、智慧、安全、高效、洁净的目标，形成能源供应体系；以西安全面创新改革试验区为依托，实现创新资源的开放与分享，加快打造黄河流域中游科技创新高地建设，带动重点城市及中心城市的经济发展，提升流域中上游中心城市地位。同时，黄河流域中下游地区应加快提升能源生态效率水平，通过提高生产效率与能源利用效率实现绿色转型发展，加强高新技术和环保技术的研发与应用，通过生产技术改进提升生产效率，通过绿色技术及末端治理技术大力发展低碳循环经济；政府也要积极培育引导产业向高附加值、高生态效益的方向转变，节约能源，降低能耗，实现黄河流域中下游地区的绿色发展。此外，黄河中下游是中国最主要的粮食生产区之一，以轻工业尤其是纺织业和食品业为主，规模庞大的企业众多，要充分发挥黄河中下游地区的资源优势，以产品创新和行业创新为机遇，巩固国内外优秀人才在技术、产品及行业创新中的地位，构建链条延伸、配套设施完善的特色优势产业集群，进一步提升黄河流域中下游企业技术创新和产业创新能力。

（3）探索黄河流域新兴产业发展模式，更需要通过整合黄河上、中、下游地区的资源与优势，形成产业联动，构建跨地区产业分工的协同发展路径。不但要推动传统优势产业的转型升级，而且要培养和发展新兴骨干产业，详细规划，利用产业转移和产业集群来延伸产业链和价值链，突破政区的分割性，实现全流域的统筹协作，构建上、中、下游优势互补、协作互助的新格局，实现资源高效配置、市场统一融合，推动流域经济与政区经济协同的良性演化，促进黄河流域整体的高质量发展。黄河流域生态保护和高质量发展的国家战略为陕西发展提供了新的发展机遇，陕西要紧抓机遇，落实经济高质量发展要求，坚持生态优先、绿色发展，深入实施创新驱动发展战略。

二、加快产业转型升级

大力发展战略性新兴产业，培育经济发展新动能。努力实现黄河流域高质量发展背景下的陕西生态环境高水平保护和经济高质量发展。

（1）实施创新驱动发展战略，加快培育陕西黄河流域重大产业布局的新动能支持。在黄河流域生态保护和高质量发展的国家战略背景下，从陕西经济转型升级、高质量发展的实践来看，以科技创新为核心的创新驱动模式是实现高质量发展的关键。为此，陕西应该紧抓黄河流域生态保护和高质量发展的国家战略机遇，建立一些重要的科技创新平台，着眼建设"一带一路"的科创中心，为产业高质量发展培育新动能。一是加快创新型省份建设，推进军民、部省、央地融合发展。在推进军民、部省、央地融合发展的基础上，推动创新资源跨领域、跨产业、跨所有制优化配置。二是抓好产业技术创新、高新技术创新。陕西围绕产业链布局创新链，围绕创新链部署产业链。瞄准新材料、新能源、量子技术、人工智能等前沿领域加强攻关，突破关键技术，加快科技成果转化，积极推动创新成果和产业发展紧密对接。

（2）推动陕西制造业高质量发展，构建陕西黄河流域重大产业布局的现代产业体系支持。紧抓黄河流域生态保护和高质量发展的国家战略机遇，在西安、榆林、延安、宝鸡、咸阳、杨凌、渭南、韩城这些区域中心城市优化提升传统产业。稳步推进产业结构调整，开展落后产能淘汰和过剩产能压减专项整治，推动能源化工产业高端化。大力释放先进能源产能，抓住煤化工产业效益提升的机遇，加快资源深度转化和综合利用等项目建设。壮大战略性新兴产业规模。促进人工智能、物联网、虚拟现实等领域的发展。促进先进制造业服务化、融合化。瞄准制造业数字化、网络化、智能化发展方向，建设工业互联网平台，拓展"智能+"，发展网络化协同研发制造、大规模个性化定制、云制造等新业态、新模式，延伸在线设计、数据分析、智能物流、远程运维等增值服务。在服务业领域，推进文化旅游资源整合、项目结合、产业融合，加快全域旅游示范省建设。此外，以保护生态环境为前提，加强陕西黄河流域重大产业布局水资源支持。陕西黄河流域重大产业布局要坚持节水优先，提高水资源利用效率：一是陕北黄河流域水资源开发要以保护生态环境为前提，加强延河、无定河、窟野河等重点流域的生态修复，构建黄河中上游地区生态安全屏障。在加强节约用水的基础上，加快延安黄河引水工程、榆林大泉黄河引水工程、府谷岩溶水开发等项目前期论证工作，保障能源开发、农业发展和生态用水的需要。二是渭河流域要加强水资源开发管理，退还挤占的生态用水和超采的地下水。开展渭河综合治理，加大水污染防治，改善水生态系统功能。建设引汉济渭、东庄水库等重点水源工程，构建水资源调控体系，努力缓解关中地区供水需求矛盾。

（3）完善保障体系，为黄河流域陕西段重大产业布局提供保障。一是实施区域协调发展战略，增强发展的平衡性。以主体功能区规划为基本遵循，发挥不同区域的功能优势，优化空间布局，明晰发展重点，实现差异化发展，形成黄河流域陕西段的生态环境保护和高质量发展的新格局。二是实施乡村振兴战略，在黄河流域陕西段的生态环境保护和高质量发展中促进农业农村现代化、大力发展现代农业。三是深化重点领域改革，全方位扩大黄河流域陕西段的开放。优化营商环境，深化国企混合所有制改革，深化要素市场化改革，高水平、全方位扩大黄河流域陕西段开放。四是加强生态文明建设，建设美丽黄河流域陕西段。牢固树立"绿水青山就是金山银山"的发展理念，着重推进黄河、渭河生态保护，建设生态文明制度，加强黄河流域陕西段综合治理、系统治理、源头治理。

三、制定差异化减排措施

黄河流域整体的碳排放强度表现出积极向好的趋势，但流域内各省份的碳排放强度演变却极不平衡且差距在不断扩大。因此，黄河流域在碳减排部署中应从区域差异化的角度，采取有针对性和有区别的碳减排措施：

（1）对于黄河上游地区来说，一是要降低碳排放强度，通过技术的研发与改进提高能源利用效率，尤其是要注重提高建筑业、工业和交通业的能源利用效率，而以贵州、青海为中心的能源强度集聚区还应制定专项能源政策；二是要实现经济增长与高碳能源消耗之间的相对脱节，加强地区间的经济联系与互动合作，削弱地理空间的约束，以高水平区域带动低水平区域发展，推动经济高质量发展；三是要加快能源结构的调整和升级，逐步降低内蒙古和宁夏的煤炭能源消费比重，提高非化石能源的使用比例，并积极开发上游地区丰富的太阳能、风能等清洁能源，实现可再生能源的规模化、市场化发展，逐渐形成以清洁能源为主的新型能源结构，从源头上抑制碳排放增长。

（2）对于黄河中游地区来说，一是坚持节能优先，实施能源消费总量和碳强度双控行动，严格控制该地区煤电产能的扩张，并充分利用科技进步和能源缺口在电能替代降低能源强度中的桥梁作用；二是要进一步优化能源生产与消费结构，推进煤炭产能减量置换，降低煤炭在能源结构中的比重，大力推动风、光、地热、生物质等新能源多样发展，加快构建以需求为主导、多品种能源融合、多种供能方式协同的现代能源供应体系；三是围绕太原、西安等发展条件较好的地区进行城市群建设，使之成为区域内主要的人口、产业集聚地，避免不切实际的粗放式城市化扩张造成碳排放增加。

（3）对于黄河下游地区来说，一是要努力创新经济发展模式，选择低能耗、低物耗、低排放、低污染的内涵式发展道路，同时加强碳市场建设，用市场手段促进节能减排；二是优化能源消费结构，持续压减煤炭等化石能源消费，实施风能、太阳能、生物质能、地热能等可再生能源替代行动以大幅增加非化石能源消费；三是升级产业结构，构建现代化产业体系，加快推动能代表新一轮技术革命趋势的高新技术产业和战略性新兴产业等的发展，提高第三产业占比，减少工业发展产生的碳排放；四是充分发挥以中原、山东半岛城市群等为核心的经济辐射和引领作用，集聚高层次创新型人才与创新型企业，形成区域碳强度下降的内在动力。

（4）从黄河全域角度看，黄河流域的碳减排工作是一项综合性的复杂工作，涉及范围广，需要各级政府及相关部门协同形成合力，助推流域整体碳减排目标达成。一方面，加强各省份的碳减排协同治理，成立专门的流域碳减排管理机构，在内蒙古、宁夏和山西等高碳产业集聚区建立联动机制，协调该地区的产业结构和能源结构，改变区域高碳产业集聚局面；另一方面，促进各行业、各部门间的协同治理，加强相互间的配合。此外，要以"十四五"规划为指导纲要，明确流域内碳减排控制目标和节能减排路线图，厘清各级地方政府部门的职能定位，充分发挥区位、资源优势，调动人力、物力资源协同减排，最终共同推动黄河流域低碳发展和高质量发展。

第三节　优化和完善黄河流域碳排放治理配套机制及政策

创新升级流域碳排放治理配套机制及政策是关系到流域碳排放未来发展趋势、可持续安全和流域政治经济格局的流域经济社会发展综合战略。在流域碳排放治理配套机制方面，加速建立黄河流域科技创新支撑体系，通过流域技术与产业及不同省域、区域间的融合与协调，推动黄河流域可再生或非化石能源为驱动的零碳流域目标的实现，加速推进黄河流域绿色减排技术在碳排放治理中的应用，增强流域低碳减排领域的技术实力与储备积累；在流域碳排放治理政策方面，实现新的转型或变革就要创造能够与之相匹配的政策和环境，从实际出发，创新流域碳排放治理政策发展理念，推动流域碳排放治理是非常繁复的系统工作，需综合运用政策、法律、经济、行政、宣传等多种手段，为黄河流域碳排放治理营造良好的内外部环境。

一、形成流域碳排放治理创新体制机制

提升黄河流域战略科技力量，培育流域企业技术创新能力，形成黄河流域碳排放治理创新体制机制。

（1）充分发挥流域资源及产业优势，依托国家战略科技力量，积极开拓新的黄河流域碳排放技术路径，力争在流域碳减排的关键核心技术上取得重要突破。同时，以生态环境部、水利部、农业农村部、中国科学院为依托，瞄准黄河流域碳减排科学技术前沿的重点需要，发展光伏、可再生能源、储能、新能源汽车等产业，以促进流域能源消费结构升级，减少可再生能源的发电和储能成本，降低对黄河流域高质量发展过程中化石能源的依赖，重点突破限制流域碳排放治理和影响流域安全的关键问题。以中国航天科技、中国航天科工、中国航空工业、中国船舶、中国航空发动机等集团为依托，以国家高新技术产业开发区、国家自主创新示范区为抓手，加快发展黄河流域航空航天、海洋装备等相关战略性新兴产业，充分利用黄河流域的新能源和空间经济，对新能源和太空经济等领域在流域碳排放治理中的应用进行深入研究和长期布局。

（2）进一步依靠流域企业技术创新，实现流域特色发展和新动能培育。黄河流域碳排放治理创新体制机制在立足国家长期科技战略的前提下，还要构建流域内部要素市场，考虑流域内相关企业的技术创新问题，推动整个流域的各种创新要素聚集于企业内部，加强黄河流域企业的自主研发，优化黄河流域创新环境和市场环境，消除制约流域企业技术创新的体制机制障碍，构建黄河流域统一的要素市场，加大对教育、职业培训等人力资源及学术创新等方面的投入，吸引并留住具有国际水平的科技人才和团队。还要注意分析黄河流域与世界先进国家流域治理方面的技术差异，找出符合自身资源禀赋、市场规模及产业结构特点的流域碳排放治理技术创新最优路径。

二、健全黄河流域碳排放治理资金保障政策

统筹推进落实流域碳排放治理相关工作的其他政策，包括流域碳排放治

理政策设计、制定、布局监管执法，流域低碳发展工作绩效考核，流域企业、项目碳排放核算及监测等。

（1）在健全黄河流域碳排放治理资金保障政策上，由于流域碳排放等生态治理保护所提供的大部分属于公共物品，公益效益和社会效益明显，但财务效益却很难得到发挥，因此，在治理过程中，要着力解决资金短缺问题，增加政府的各类资金投入，同时，对流域碳排放治理的政策扶持应是系统的，不但要有反馈和评估，其价格补贴也应是动态可变的，既要具有可操作性，也要从法律层面对流域碳排放配套政策予以支持。可以将流域碳排放治理作为地方债券重点和优先支持领域，明确公益性项目资本金政策，并依据流域上下游事权、财权界定，建立纵向生态保护补偿办法，探索建立流域碳排放治理成效奖励机制。

（2）发挥政府资金引导带动作用，把流域碳排放治理纳入各级财政保障范围，利用好投资奖励、补贴、贷款贴息等各种手段，使其更好地起到杠杆作用。同时，主动寻求将市场与政府作用相结合的途径，掌握好政策边界，运用市场金融化概念对专项资金进行整合，激励社会资本投入流域碳排放治理领域的积极性，实现流域碳排放治理的长效化。此外，努力打破地域限制，对优质产业资源进行挖掘与整合，通过引入更多市场化资源，注入文旅、运动休闲等元素，提升流域资源的开发价值和盈利潜能，使原本单独运作缺乏收益能力的流域碳排放治理工程项目通过业态整合形成放大效应。需要注意的是，由于流域碳排放治理涉及范围广、技术难度要求高，在社会资本参与流域碳排放治理的过程中，项目投资风险与投资价值的评估是关键的环节，如果没有对风险因素的控制和辨识，以及对投资价值的正确评价，很可能会造成投资回报无法达到期望值，从而造成投资越大，流域政府潜在的压力越大。因此，应审慎地评估可开发资源的价值，预测开采过程中所产生的收益与风险，再由流域政府和社会资本进行流域碳排放治理的市场化运作。

三、建立健全流域经济环境耦合协同的支撑体系

为了进一步促进黄河流域低碳发展，需建立健全黄河流域经济产业发展

与生态环境耦合协同的支撑体系。

（1）强化黄河流域经济增长、产业发展与生态环境耦合协同的组织保障支撑。推动流域的生态保护和高质量发展，必须坚持整体推进与重点突破相结合，从战略高度进行整体顶层设计，需要构建从上而下的组织保障支撑。一是成立中央领导小组，统筹指导、协调推进重点工作。黄河流域生态保护和高质量发展是重大国家战略，应成立中央领导小组，全权负责总体设计和统筹协调，统筹协调全局性、跨地区的重大发展问题，指导、推进具体政策措施的组织落实。二是坚持省负总责、市县落实的工作机制。省级层面要成为实施政策的主体，要承担起黄河流域高质量发展的重要责任，主要实践领导小组制定的跨区域管理协调机制。市县层面按照上级单位部署逐项落实到位，推动黄河流域经济增长、产业发展与生态环境协同发展。三是完善河长制、湖长制组织体系。全面推行河长制、湖长制，是解决中国复杂水问题的重要措施，同时有利于落实绿色发展观念、推进生态文明建设。完善河长制、湖长制组织体系，要做到明确落实相关责任，加强黄河流域内水生态环境保护修复的联合防治，有效推动黄河流域经济增长、产业发展与生态环境协同发展。

（2）构建黄河流域经济增长、产业发展与生态环境耦合协同的空间治理支撑。为有效实现黄河流域的空间治理，必须构建针对地区优势的差异性发展规划等详细措施。一是发挥地区比较优势，建立差异性空间发展规划。黄河流域各地区要从实际出发，因地制宜发展产业、促进产业结构升级，形成富有地区特色的高质量发展路径。在黄河上游生态功能重要地区，涵养水源、促进河流生态健康、扩大生物多样性，同时要创造生态产品；在黄河流域中心城市，要大力发展经济，吸引劳动力流入，同时要提高人口承受能力。二是构建流域内合理的分工体系，加强区域联系。依照流域的自然特点和资源禀赋发展生产和流通经济，发挥地区比较优势，推进流域内产业的分工协作，共同推动高质量发展。在上、中、下游之间形成明确的产业分工，避免过度竞争，运用互联网技术、数字技术等新技术构建整个流域的产业体系。三是构建围绕中心城市的城市群。中心城市在流域内的高质量发展水平较高，但相较国内其他大型城市，其并不具有竞争力，因此必须构建以流域内中心城市为内核的发展模式，加快城市群建设，加大力度发展以西安为中心的关中城市群、以郑州为中心的中原城市群以及以青岛和济南为中心的山东半岛城市群，发挥中心城市对周边城市的带动作用。

（3）完善黄河流域经济增长、产业发展与生态环境耦合协同的政策保障支撑。一是积极推动工业行业优化升级。积极推动工业行业优化升级，是实现黄河流域经济增长、产业发展与生态环境耦合协同的重要驱动力。大力推动生态工业产业的建设升级，优先保证环保投入，同时要加强资源的循环利用，实现资源型产品的多次利用，加强对工业废物的再利用，加快推进技术完善，大力发展节水产业和节水技术，实现可持续发展。二是积极参与共建丝绸之路经济带，提高对外开放水平。陕西、甘肃等是建立丝绸之路经济带的重要省份，高质量发展水平仍有待提高。丝绸之路经济带是中国与有关国家在双多边机制下的区域合作平台，将推动沿线各地区的发展，发掘区域潜力。黄河流域相应省份要积极参与丝绸之路经济带建设，加强基础设施互联互通，带动黄河流域资源、技术、资金等要素市场化优化配置，充分借助丝绸之路经济带与黄河流域生态保护和高质量发展战略的政策红利叠加效应。

（4）优化黄河流域经济增长、产业发展与生态环境耦合协同的体制机制支撑。一是完善水沙调控机制，建立水价动态调整机制。黄河水少沙多、水沙关系不协调，是黄河复杂难治的重要原因之一，要保障黄河安澜，必须促进水沙关系的调节。因此需要形成流域"共同抓好大保护，协同推进大治理"战略思路，打破流域各地区各自为政的局面，解决"九龙治水"、分头管理问题，形成流域各地区高质量发展相互协同的新格局。同时在流域内建立水价动态调整机制，确定调价周期与幅度，让其合理反映水资源稀缺程度与供水成本，促进水资源的节约利用。二是建立黄河流域经济增长、产业发展与生态环境耦合协同的相关绩效考核机制。合理的绩效考核机制会对政策的实施产生显著的正向作用，有利于促进政策的落实，推动经济发展。应根据区位及自然禀赋的差异，建立差别化的考核机制并将其作为具体考核标准，为黄河流域经济增长、产业发展与生态环境耦合协同提供重要机制支撑。

（5）健全流域治理监管，推动黄河流域碳排放治理法治化建设。实现黄河流域碳排放治理法治化，就是以实现黄河流域自然环境与流域人民群众和谐共生为最终目标，着重解决好当前黄河流域碳排放治理过程中职权划分不清、法律监管不严等问题，使黄河流域碳排放治理法治化成为黄河流域生态保护和高质量发展的动力与保障。一是加快推进黄河流域碳排放治理事权合理配置法治化，注重流域碳排放治理体系各层级间的利益及关系，包括中央政府、地方政府以及流域各管理和行政部门的职权分配问题，构建科学、合理、高效的黄河流域碳排放治理法治机构和部门。同时，规范设置黄河流域碳排放治理法制机构和部门的职权，加强对其工作的统一管理，使各机构和部门的共享工作形成合力。二是明确黄河流域碳排放治理过程中各主体行为在考核、约束、绩效、监督等方面的法律指引，完善流域各省份政府在碳排放治理合作中的法律支撑，加强顶层设计及对流域碳排放治理主体行为的规范和监督。建立有效的激励与约束机制以及治理绩效考核机制，对能够积极配合流域碳排放治理的部门和企业给予奖励和肯定，对碳排放治理过程中存在的不作为、恶性竞争、过度干预等问题采取相应的惩罚措施，提高黄河流域碳排放治理主体的积极性；在对碳排放治理绩效考核的过程中，明晰划分和设置考核内容，完善相关法律法规以规范和支撑考核流域碳排放治理主体的行为和方式。

第四节　打造宜居的黄河流域环境与优质的黄河文化品牌

黄河流域的共享：首先，要求以生态文明理念为基础，生态文明建设是共建共享理念下开发宜居的黄河流域环境的重要条件，注重流域建设和发展的绿色价值，能够提升流域人民生活幸福感及流域整体社会福利。其次，是流域基础设施共享，加强流域基础设施建设包括污染治理设施的共享，实现流域基础设施互联互通，不仅可以创造一定的经济效益，还能够提高流域水资源利用效率，促进流域水资源科学管理。最后，要明确掌握流域人民的需求，让利益共享机制切实触及流域人民群众的生产生活，使黄河流域稳脱贫、促振兴长效发力，在流域高质量发展进程中实现流域全民共享。

一、加快建立流域民族事务协同治理机制

由于黄河流域横跨中国东部、中部和西部，居住着回族、藏族、蒙古族、东乡族和土族等众多少数民族，其人口结构和社会环境十分复杂。其中，兰西、宁夏沿黄和呼包鄂榆城市群少数民族人口所占比重较大，加上中上游城市群农牧、农耕区密集，经济发展程度较低，频繁发生民生问题，流域民族事务已逐渐成为黄河流域治理的重要组成部分，因此，聚焦高质量发展目标，加快建立流域民族事务协同治理相关机制，更有利于进一步提升民族群众对流域碳排放治理的积极性，夯实黄河流域碳排放治理内在群众基础。

流域共建共享机制也不断助推流域各民族在经济发展、政治认同、社会福利和文化建设等方面的共识，推动流域碳排放治理预期高质量达成。相关城市群需通过制定民族团结进步和管理条例、少数民族发展规划等政策制度为民族团结发展提供政治保障，从就业、医疗、教育等角度构建政策扶贫、产业扶贫、援助扶贫多方面的精准扶贫格局。还可通过发展民族医药，民族用品、民族食品轻工业，民族产品出口等民族产业，加快推进各民族地区脱贫攻坚，维护民族团结，维护社会和谐稳定。此外，文化作为驱动城市群形成发育的重要因素，要推动黄河流域的高质量发展，实现流域各民族、各地区文化的保护、传承和繁荣是必由之路。流域各民族和地区需要结合当地特色文化，建设文化产业园、文化示范区、跨城市文化联盟等文化产品；实施文化设施建设、文化遗产保护等文化振兴工程；发挥文化特色优势，发展文化旅游、文化创意产业，最终形成独特城市文化品牌，以文化为纽带，增强各城市、各民族的凝聚力、向心力和创造力。

与此同时，流域安全发展是黄河流域碳排放治理的战略底线，要打造安全舒适的黄河流域生活环境，就要遵循问题导向，因地制宜，完善流域碳排放协调管理机制，确保流域系统安全。一是加强对流域内的气候变化与灾害

的环境效应与能量安全，尤其是核能与新能源的安全问题的探讨。二是加强流域碳排放治理管理体系的安全建设，提高其应对气候变化的能力。三是深入黄河流域碳排放治理中的安全性和弹性问题研究。积极推进流域碳排放数字化治理模式，灵活应对和减缓气候风险和突发事件对流域碳排放治理的冲击。四是要对碳达峰和碳中和任务实现的复杂性和风险性有足够的了解，在能源安全、经济竞争力和社会稳定等多个方面制定切实可行的流域碳排放治理路线图。因此，应充分发挥科研机构的作用，确定黄河流域生态及碳排放评估数据的相关指标，科学确定流域生态环境及碳排放的发展趋势，通过建立管理平台，参考流域生态档案，建立动态监测机制，利用大数据分析等技术和手段，了解黄河流域碳排放的实际状况，有针对性地解决潜在的安全风险，并统一规划布局黄河流域生态环境及碳排放监测方案，通过统一共享的流域生态环境大数据平台实时共享监测数据，打破当前各省际流域信息壁垒现象，借助人工智能等新兴技术提高流域间生态环境与经济发展协同治理监管与综合治理能力。

二、注重黄河文化资源的保护与传承

碳排放治理不仅是流域经济发展的工具，也是黄河文化不断传承、巩固和更新的过程。曾经，"黄河百害，独富河套"；如今，黄河流域从"边缘化"到"再崛起"，古老的母亲河，在新时代迎来了新的重大历史机遇，弘扬黄河文化，讲好新时代黄河故事，将黄河要素、黄河概念融入不同领域，探索共同的文化品牌，是建立文化信任、增强黄河流域发展内生动力的必要过程。黄河文明历史悠久，是中华文明不可或缺的一部分，由于少数民族众多，文化形态多种多样，人文景观丰富，而文化对城镇群的形成与发展起着举足轻重的作用，因此，保护、传承与发扬黄河流域各个民族、区域的文化，对促进黄河流域的高质量发展具有十分重要的意义。

流域各省份可以集中本地文化特色（见表8-3），精选黄河流域历史文化遗产、非物质文化遗产、自然遗产等，联合申报世界文化与自然双遗产，推动黄河文明博物馆、中国农耕文明博物馆建设，并把周易文化、殷商文化等不同省域的黄河文化梳理成中原文化集群加以推介，提升黄河文化旅游廊道历史文化、自然资源的知名度和影响力，打造世界级、国际级的知名旅游产品及流域城市独特的文化品牌。

表 8-3　黄河流域 9 省份文化与旅游开发内容

省份	历史文化、自然生态	红色旅游、乡村旅游	旅游基础设施建设
青海	推进优秀传统文化传承发展，强化重要文化和自然遗产、非物质文化遗产系统性保护，建设好黄河国家文化公园（青海段），建设 5A 级博物馆群，培养文化遗产传承人		构建沿黄河生态交通运输走廊
宁夏	推进文旅融合发展，高水平建设宁夏黄河文化旅游带，加快创建国家全域旅游示范区，唱响"塞上江南·神奇宁夏"文化旅游品牌，打造大西北旅游目的地、中转站和国际旅游目的地		
甘肃	实施黄河文化遗产系统保护工程，发展"黄河之滨也很美"等黄河主题旅游，打造有影响力的黄河文化旅游带	打造一批红色文化国防教育基地、爱国主义示范基地	
内蒙古	实施中华优秀传统文化传承发展工程和重大文物保护工程，推进黄河国家文化公园建设，加强纪念馆、展览馆、博物馆建设管理，推动文化与旅游深度融合		
陕西	建设黄河国家文化公园等文化标志性工程，加强文物预防性保护和本体周边环境治理	传承红色基因，弘扬革命文化，深入开展革命文物集中连片保护利用，建设延安革命文物国家文物保护利用示范区，打造国家重点红色旅游区	
山西	推动文化和旅游融合发展。坚持以文塑旅、以旅彰文，推动文化和旅游各领域、多方位、全链条深度融合。建设国家全域旅游示范区，塑造"游山西、读历史"文化旅游品牌		

省份	历史文化、自然生态	红色旅游、乡村旅游	旅游基础设施建设
河南	加快建设具有国际影响力的黄河文化旅游带，打造郑汴洛国际文化旅游核心板块，推动"文化旅游+"，建设文化旅游省	发展红色旅游、乡村旅游和全域旅游	
山东	挖掘和阐发黄河文化蕴含的时代价值，讲好"黄河故事"山东篇章。建设黄河国家文化公园（山东段），推动泰山文化保护、传承和利用	大力弘扬沂蒙精神，让红色基因代代相传	
西藏	积极推动"环喜马拉雅经济合作带"、高原丝绸之路、冈底斯国际旅游合作区		

资料来源：流域相关9省份政府网站。

此外，还可以成立黄河文化研究所及国家级研究会，制订黄河文化研究所发展战略与具体行动计划，选择"黄河论坛"的固定会址，定期举行"黄河文化"研讨会，为黄河科学的国际学术交流提供良好的环境，并对黄河文献资料进行经常性升级，借助现代化科技进一步促进黄河文化的深度研学，充分利用现代传媒传播黄河文化。同时，积极参与"一带一路"建设，响应国家战略政策，以黄河文化认同为导向，把握地缘和资源优势，组建黄河文化博览会等相关活动，打造集研发、传播、展示于一体具有国际竞争力的黄河文化集群，助力黄河流域碳排放治理，实现黄河流域文化、经济、生态"三位一体"发展。

三、促进黄河流域文化传播与高质量发展

（1）提高黄河流域生态旅游效率，通过旅游景区生态化，协调旅游资源节约与生态环境保护。在整个生态系统中，人是主动的，环境则被动承受和反馈，资源是人与环境的中心环节，是环境中直接被人类利用的那一部分，环境恶化是资源不合理利用、资源破坏、流失、污染的结果，资源是根本，环境是表征，资源与生态环境保护是生态文明建设的重中之重。因此，生态旅游资源应坚持保护优先、科学规划、合理开发的原则，积极推进黄河流域

以国家公园为主体的自然保护地体系建设,保护以黄河水源地和生物多样性为核心的自然和人文景观的整体性,生态系统的完整性,制订科学的保护规划和开发建设规划,有序地进行生态旅游环境建设,实现资源的永续利用和生态旅游区的可持续发展。

(2)借助于生态旅游廊道建设,优化生态旅游产品体系的空间布局。资源、环境、生态等的布局是生态旅游建设的空间载体。生态旅游产品体系布局目标是按照生态旅游资源环境相均衡、经济社会生态效益相统一的原则,控制开发强度,调整空间结构,促进生态旅游产品空间集约高效、生态空间山清水秀。以陕西省为例,着力打造三条生命"蓝道"、三条健康"绿道"和三条文化"紫道"的九条廊道体系,优化水域生态旅游产品体系,重点推出汉江生态体验产品;优化山地生态旅游产品体系,重点推出秦岭国家公园产品;优化红色生态旅游产品体系,重点推出陕北地质旅游产品。

(3)通过生态旅游解说系统,建立生态文明的公众教育制度。生态旅游解说系统是运用某种媒体和表达方式,使旅游相关信息传递并到达信息接收者中间,帮助其了解相关旅游目的地事物性质和特点,并达到服务、教育、使用等基本功能。生态旅游解说可以普及生态文明知识,引导人们在欣赏自然美景的同时亲近和了解自然,提高生态文明意识,形成尊重自然、与自然和谐共处的价值观,进而塑造公众生态文明行为,形成公众生态文明教育制度。这是一个长期训练逐步提高的过程,是一个知、意、行相互转化、相互促进的过程。

(4)通过教育引导,倡导生态绿色旅游消费行为。从政府公共管理角度介入途径有:一是构建公民生态文明教育体系,将低年龄者、高年龄者、低学历者作为重点目标群体。在学校教育方面,针对低年龄者对宏大主流文化的低认同感,应采取寓教于乐的方式开展生态文明教育,以提升教育的吸引力和效果。在社会教育方面,要拓宽生态文明教育渠道,针对低年龄者应发挥网络论坛、微信、微博等新媒体和科技馆、青少年活动中心、博物馆、展览馆、图书馆、开放实验室等科普场馆的作用,针对高年龄者和低学历者应发挥电视、广播、报刊、公交车视频、地铁视频、电梯视频等媒体的作用。

二是丰富生态文明教育内容，实现多管齐下，不单涉及环保知识科普，还应涉及生态权利意识、生态责任意识和生态参与意识的培养。三是加强对餐饮、住宿、购物、娱乐生态文明化的扶持力度。一方面通过对低能耗、低污染旅游产品实行价格补贴来降低旅游者购买成本，直接促进旅游者生态文明行为；另一方面通过引导和规范旅游企业经营管理来间接提升旅游者生态文明行为，如对节能节水成绩突出的企业给予适当奖励，对售卖野生动物的企业加强打击惩处，对高能耗、高污染的企业进行限制约束等。四是推动旅游者生态文明行为法治管理。针对现有环境立法不足，应制定环境教育法，使旅游者生态文明教育有法可依，同时建立旅游者生态文明行为引导、调控和奖惩制度，通过"倒逼"方式促进旅游者由他律向自律转变。

第五节　建立多元化的协同联动机制，配套制度完备的保护机制

一、加强政府间合作共谋机制

（1）博弈结果表明，地方政府间的自发博弈无法实现对全社会效用最大化的结果，需要上级政府对地方利益主体行为进行约束。因此，就政府层面而言，中央政府和地方政府只有共同参与实践才能实现流域生态向优发展。对中央政府来说，其可以运用多种方式参与到地方博弈过程中，如直接垂直管理、统筹协调、委托代理等，无论是哪种方式，总体可归纳为两种结果：促进与抑制。当对地方政府的负面行为进行管制和约束，甚至采取惩罚措施时，可以有效遏制破坏环境的行为产生；而相应的激励奖励措施又能够进一步促进黄河流域上下游政府主体治理黄河的主动性和配合度。如有必要，中央政府可直接进行干预，切实参与到地方生态补偿项目监督与管理中，综合运用行政和市场等多种手段确保流域生态治理项目平稳运行。在中央政府的介入下（包括政策颁布和规划编制等），各省份参与生态补偿合作和实践的积

极性都有很大提升。只有在中央政府的参与和监督下，流域上下游地方政府的补偿与治理行为才能受到约束，才能真正将环境保护政策落实到生态补偿中。对地方上下游政府而言，各自应考虑流域全局，以公共利益为重而不是以地方利益为主，打破"理性人"思维惯性还需要各自付出努力。

（2）在进行合作共谋时，首先，应当探索更大的合作区域、增加更宽的合作层级、拓展更广的合作领域、实现更多样的合作形式、构建更高水平的合作制度等，具体的操作细则还需各方政府实现信息互通，共建同行。其次，增强政府间的行为协同性，提升经济与环境的协调性。对黄河流域上下游政府而言，需要多角度考虑上下游政府间博弈行为存在的耦合协同性，为实现黄河流域生态环境的公共价值、促进经济发展与环境保护协调发展展开通力合作。一方面，各省份地方政府应增强"双向互动"。地方政府应通过政策互通、专题调研、对口协商、协作会议等形式拓宽流域保护知情明政渠道，就"协同推进大保护大治理，建设造福人民的幸福河"主题达成共识，让合作机制在各地不断深化细化。另一方面，不同层级的政府主体应促进"上下联动"。有关部门如生态环境部应加强对改进黄河流域生态环境和生态补偿工作的指导，通过调研督察、专项培训、联动履职、专家研讨等形式强化政治引领，抓好环保建设。只有"上下同心，各方同进"，未来才能出现更多协作案例，推进黄河流域经济与环境协同发展。最后，引导企业民众有序参与，健全微观主体间长效博弈。

（3）政企间博弈和实证结果表明，政府对企业的投入与支持力度在很大程度上影响微观主体对流域环境的贡献值。引导企业、民众等微观主体有序参与流域环境保护、增强其环境保护积极性，对构建政府与微观主体间的长效博弈机制，健全流域生态补偿有着正向促进作用。一方面，要做好保护流域生态环境的宣传，提升企业和民众在生态补偿中的权责主体意识。责任意识不明确，就会在水量和水质补偿等方面产生利益冲突。因此，要加大黄河流域生态补偿各方面的宣传教育，包括补偿政策、损害赔偿等方面，加强各方主体对黄河流域当前环境态势的认识，形成"保护黄河为荣，逃避责任为耻"的思想意识，形成全社会为促进黄河流域更好地实现生态功能价值而保卫黄河的局面。此外，还应对在流域保护中做出突出贡献的企业和个人进行事迹宣传，号召全社会向典型事例和积极分子学习，在群众间形成"环境友好型"学习氛围，在企业间塑造"绿色环保型"生产经营理念。另一方面，要推动企业进行绿色转型升级，鼓励企业使用清洁能源，研发绿色生产技术，实现废弃物循环利用。对在环境保护中做出突出贡献的企业，给予相应补偿，对积极创新绿色发展方式的做法，给予创新资金鼓励。

二、推进补偿资金的横向转移支付

在生态补偿模式中，横向转移支付更具灵活性，运作效率更高，因而可以达到更加良性共赢的局面。黄河流域生态补偿过程中，应积极探索横向转移支付，由传统的纵向政府转移支付逐步向横向区域间转移支付过渡，逐渐健全"纵向+横向"模式的全方位补偿机制。中央财政可联合沿黄9省份建立黄河流域生态补偿转移支付专项基金，资金来源主要分为3个方面：一是中央财政为支持黄河流域环境保护给予的资金支持；二是地方政府经自主协商谈判确定各自的出资额；三是从沿黄地区自然风景区、大型水电站等旅游收入中提取一定比例纳入转移支付专项基金中。各地财税部门在中央政府引导下，根据黄河上下游实际的生态功能支出和生态服务收益程度，制订出一套因地制宜和切实可行的横向转移支付方案，包括支付标准、支付时间和支付金额等。此外，上下游还应联合成立一个专项基金监督管理机构并形成完善的投诉反馈机制，对横向转移资金收取和使用进行严格监督。通过省份间横向转移支付合作，加上上级政府纵向的支持与监督，可以更加合理地确立和协调各方主体的责任及利益，从而推动黄河流域生态补偿持续有序开展。

市场在资源配置中起决定性作用，开放、竞争、有序的市场交易不仅可以推动经济发展，也能在生态建设和环境保护方面起到有效协调作用。当前，在政府主导下，吸引多元主体参与，采纳多元补偿方式，建立市场化、多元化的流域生态补偿机制是黄河流域生态补偿机制不断完善的必经之路。在补偿资金来源方面：首先，要继续发挥政府财政的主要作用，通过多种渠道完善和增加政府财政资金来源。其次，发挥社会组织和个体的筹资能力，特别是调动企业的积极性，创新节能减排，缴纳环境税，不断补充流域生态补偿基金；大力倡导绿色金融，积极培育和完善绿色资本市场，推出更多绿色产品，对能促进可持续发展的市场主体行为提供相应的金融优惠，如放宽借贷力度等。在生态权交易市场中，可以参考新安江跨省生态补偿两轮试点中实行的水污染治理市场机制，积极探索排污权交易平台、碳排放交易所、环境责任保险等市场化生态补偿手段。另外，在生态补偿表现形式上，除了对流域环境贡献方给予资金补偿外，还可以通过技术培训、产业孵化、政策支持等多样化生态补偿形式协同推进，从而激发公共利益主体参与流域生态保护和建设的积极性。

三、健全协调沟通的对话平台

在确定生态补偿标准前，应明确支付方和受偿方，支付方可以是中央政府和地方政府，也可以是环境受益方，受偿者可以是政府单位或组织，也可以是个人。在不同的生态补偿实际案例中，支付主体和受偿主体可能存在相应差异，但最终目的都是根据实际情况协调好各方参与者的经济利益和生态利益。对于具体的补偿金额来说，并不是要一味地增大补偿力度。补偿力度过大，会对政府造成财政压力，补偿力度过小，难以激发主体参与补偿的积极性。政府财政应适当向生态功能区倾斜，多渠道筹措资金，根据实际情况制定补偿标准。当前，生态补偿有 3 种基本标准，包括流域保护成本、生态服务价值和发展机会成本。其中流域保护成本是所有成本中最基本也是最容易核算的，正因如此，当前黄河流域生态补偿主要把出入境断面水质作为测量指标，以及对利益各方的奖惩标准。从短期目标来看，该标准可以实现保护流域的目的，但生态补偿实践还应考虑各地发展差异，其面对的经济发展压力是有差异的，包括维护和建设成本、已有的经济发展差距、社会责任分工等。因此，在设立生态补偿标准时，上级政府要统筹考虑地方政府的复杂利益。上游的青海、甘肃、宁夏等西部欠发达地区，应适当放宽对其地区生产总值的增长目标考核，综合考虑其环境治理成效；黄河中下游经济相对有优势的陕西、河南、山东等省份，鉴于其经济发展平台本身具有先天优势要素，应更多考核其产业生产布局优化升级、资源再生循环利用等方面。总之，在具体实践中应采用哪种补偿标准，需要中央和各地因地制宜进行综合衡量。

政府与微观主体间的博弈表明，利益各方存在不同的心理预期，策略选择具有不确定性。流域生态补偿机制的成熟设计与实践是经济学、社会学、管理学等多门学科融合运用的结果，同时涉及不同主体。为保障各利益主体间信息及时有效沟通及利益诉求平等协商，有必要搭建全方位的沟通对话平台，使相关主体参与其中，以期为构建与完善黄河流域生态补偿机制建言献策。首先，上级政府本着实现流域全局发展目标，对流域保护过程中出现的矛盾冲突，通过会议、座谈会等形式营造交流机会，使得利益相关方积极表达需求与建议。有必要建立黄河流域公共利益协会或组织，适当选择各方利益代表，进行多方谈判。其中政府人员可充当组织者和中介人角色，各行业专家作为技术指导参与其中。所需的专业人士包括农、林、牧等各个民生部门的专家学者，让其发表专业见解，提供理论和数据支撑；企业和民众代表也应参与其中，充分提供一手资料和一线实践现状，及时反映实施过程中的典型难题。在该类对话平台上，各方主体积极讨论、集思广益，加深对流域生态补偿的认识，促进各方交流与信任，提升决策的民主性与科学性。其次，进一步积极发挥和完善黄河水利委员会在黄河流域水资源合理开发与保护、水资源管理与监督等方面的职能，在此基础上设立黄河流域日常办公机构，由国家层面牵头、黄河流域地方职能机构参与，专业分工、科学议事，对黄河流域重大工程项目的立项和建设，进行共同谋划和决策，将各方意见作为参考依据。

四、强化生态补偿的法律技术支撑

目前我国关于流域生态补偿的专门保障性法律法规仍不完善，对黄河流域也缺乏系统性、权威性的法律支撑。为此，国家首先应完善流域生态补偿的顶层设计，为地方生态补偿实施提供方向性、保障性引领，从而让地方生态补偿工作有序开展，如继续推进资源税的立法建设，将各类生态空间纳为征税对象；其次探索各省份合作共治的执法体系建设，应对黄河流域各省份现行或已有的法规和条例进行梳理，找出法律空白与不足方面，进而研究和制定黄河流域生态保护专门规章。同时，有必要探索对生态补偿参与者和实践者的多元化激励政策，提高生态补偿利益相关者的主动性和潜在参与者的积极性。黄河流域各省份政府及各部门要在中央政策文件指导下，结合各流域实际，尽快启动黄河流域生态保护与安全立法工作，明确各部门职责与各主体责任，使黄河流域分段生态补偿的实施有法可依，有法必依。

在黄河流域生态补偿相关法律法规支持下，在保护黄河相关政策激励下，在破坏黄河流域环境行为惩罚约束下，黄河流域生态补偿将走上制度化、法治化和规范化道路。技术支撑体现在补偿标准评估、生态环境监测、管理信息平台等方方面面。首先，加紧对黄河流域补偿标准的规范研究，建立以实现生态价值、提升流域环境质量为目标的测量和评估方法；其次，不定期开展和检查生态补偿实施绩效，如有资金使用不当、方案效果不佳等情况，及时做出调整；最后，提升环境监测能力是保障方案有效实施的重要举措，包括监测仪器的选取、监测站点的合理布局、监测指标体系的完善构建等都是影响监测结果精确性的重要因素。在获得监测数据后，高效整理和分析数据，及时将数据上报有关部门；在熟练掌握科学测量方法的基础上，将其编制成各地可以参考的技术指南，涵盖水质测量、环境监测、监测方法与过程、效用评估等方面，为地方顺利开展生态补偿实践提供技术指引。依托大数据技术构建黄河流域信息共享交流平台，实现数据实时更新，打破各流域段的数据壁垒，打造黄河流域生态补偿信息化平台。

参考文献

［1］ ANDERSEN P, PETERSEN N C. A procedure for ranking efficient units in data envelopment analysis ［J］. Management Science, 1993, 39 (10): 1261-1264.

［2］ CHEN Y P, FU B J, ZHAO Y, et al. Sustainable development in the Yellow River Basin: Issues and strategies ［J］. Journal of Cleaner Production, 2020, 263 (8): 121-223.

［3］ EAMEN L, BROUWER R, RAZAVI S. Integrated modelling to assess the impacts of water stress in a transboundary river basin: Bridging local-scale water resource operations to a river basin economy ［J］. Science of the Total Environment, 2021 (800): 45.

［4］ EDIVANDO V C, PABLO B, OLIVEIRA, et al. Integrating environmental, geographical and social data to assess sustainability in hydrographic basins: The ESI approach ［J］. Sustainability, 2020, 12 (7): 26.

［5］ Global Governance. Our global partnership ［R］. New York: Oxford University Press, 1995.

［6］ HARIFIDY R Z, HIROSHI I. Analysis of river basin management in Madagascar and lessons learned from Japan ［J］. Water, 2022, 14 (3): 6-22.

［7］ HWANG C L, YOON K S. Multiple attribute decision making ［M］. Berlin: Springer-Verlag, 1981.

［8］IPCC. Contribution of working group to the fourth assessment report of the intergovernmental panel on climate change ［R］. Cambridge：Cambridge University Press，2007.

［9］JIA N S, HAN Y H, HU B. Research on the development of China's emission reduction based on low carbon economy ［J］. Advanced Materials Research，2014：962-965，2381-2385.

［10］JIANG Y, CHEN M, ZHANG J, et al. The improved coupling coordination analysis on the relationship between climate, eco-environmen and socio-economy ［J］. Environmental and Ecological Statistics，2021，29（5）：77-100.

［11］JOHNSTON D, LOWE R, BELL M. An exploration of the technical feasibility of achieving CO_2 emission reductions in excess of 60% within the UK housing stock by the year 2050 ［J］. Energy Policy，2005（33）：1643-1659.

［12］KAHSAY T N, KUIK O, BROUWER R, et al. The transboundary impacts of trade liberalization and climate change on the Nile Basin Economies and Water Resource Availability ［J］. Water Resources Management，2018，32（3）：28-46.

［13］KARTOPA D I, BARKEY R, SOMA A S, et al. Mapping of energy demand and potential of biofuel development in Kelara watershed ［J］. IOP Conference Series：Earth and Environmental Science，2021，807（2）：34-66.

［14］KAWASE R, MATSUOKA Y, FUJINO J. Decomposition analysis of CO_2 emission in long-term climate stabilization scenarios ［J］. Energy Policy，2006（34）：2113-2122.

［15］KLEINSCHROTH F, LUMOSI C, BANTIDER A, et al. Narratives underlying research in African river basin management ［J］. Sustainability Science，2021，16（6）：15-37.

［16］LUO Z, TONG X. Evaluation on development capability of low-carbon economy and countermeasures in China ［J］. Procedia Environmental Sciences，2011（10）：902-907.

［17］ MAHNUT P, MOOSA S, MARK G. Optimal control and cooperative game theory based analysis of a byproduct synergy system ［J］. Journal of Cleaner Production, 2019, 243 (5): 731–742.

［18］ MARYAM K, BAHRAM S, AZADEH A, et al. Empirical evaluation of river basin sustainability affected by inter-basin water transfer using composite indicators ［J］. Water and Environment Journal, 2018, 32 (1): 854–913.

［19］ MYERSON R B. Game theory: Analysis of conflict ［M］. Cambridge: Harvard University Press, 1997.

［20］ RACHMAD F, NOBUKAZU N, ASWANDI I. Sustainability assessment of humid tropical watershed: A case of Batang Merao Watershed, Indonesia ［J］. Procedia Environmental Sciences, 2014 (3): 86.

［21］ REN D L, HUANG Y L, LIAO C Z, et al. The performance evaluation of the construction industry in a low-carbon economy based on the interval DEA model ［C］// Proceedings of the 2012 3rd international conference on E-business and E-government. Washington, DC: IEEE Computer Society, 2012: 1070–1073.

［22］ RIESMAN V, ECK J R. Accessibility analysis and spatial competition effects in the context of GIS supported service location planning computers ［J］. Environment and Urban Systems, 1999 (23): 75–89.

［23］ ZHONG S Z, YONG G, KONG H N, et al. Emergy-based sustainability evaluation of Erhai Lake Basin in China ［J］. Journal of Cleaner Production, 2018 (178): 479.

［24］ ZHENG S Y, ZHANG C H, ZHOU Y. Study on the evaluation system of green development in Tuojiang River Basin based on entropy weight method and grey relation analysis ［J］. IOP Conference Series Earth and Environmental Science, 2020, 512 (1): 68–95.

［25］ TONE K. A slack: Based measure of super-efficiency in data envelopment analysis ［J］. European Journal of Operational Research, 2002, 143 (1): 32–41.

［26］TONE K. A slacks-based measure of super-efficiency in data envelopment analysis ［J］. European Journal of Operational Research, 2001, 143 (1): 32-41.

［27］TREFFERS T, FAAIJ A P C, SPARKMAN J, et al. Exploring the possibilities for setting up sustainable energy systems for the long term: Two visions for the Dutch Energy System in 2050 ［J］. Energy Policy, 2005 (33): 1723-1743.

［28］WANG A, TONG Z J, DU W, et al. Comprehensive evaluation of green development in Dongliao River Basin from the integration system of "Multi-Dimensions" ［J］. Sustainability, 2021, 13 (9): 444-666.

［29］WHEELER K G, HALL J W, ABDO G M, et al. Exploring cooperative transboundary river management strategies for the Eastern Nile Basin ［J］. Water Resources Research, 2018, 54 (11): 47-98.

［30］WIDIANINGSIH I, PASKARINGA C, RISWANDA R, et al. Evolutionary study of watershed governance research: A bibliometric analysis ［J］. Science & Technology Libraries, 2021, 40 (4): 416-434.

［31］YI C F, XIAO Y C, LAI S L, et al. Equilibrium cost of water environmental protection based on watershed sustainability ［J］. Journal of Hydrology, 2019, 579 (C): 879-946.

［32］ZHAO Q, YAN Q, CUI H, et al. Scenario simulation of the industrial sector carbon dioxide emission reduction effect ［J］. Polish Journal of Environmental Studies, 2017, 26 (6): 2841-2850.

［33］罗纳德·英格尔哈特. 现代化与后现代化 ［M］. 严挺, 译. 北京: 社会科学文献出版社, 2013.

［34］鲍健强, 苗阳, 陈锋. 低碳经济: 人类经济发展方式的新变革 ［J］. 中国工业经济, 2008 (4): 153-160.

［35］曹炳汝, 谢守红, 黎晶晶. 长江三角洲区域低碳经济发展水平评价 ［J］. 地域研究与开发, 2014, 33 (6): 159-163.

［36］曹莉萍, 周冯琦, 吴蒙. 基于城市群的流域生态补偿机制研究: 以

长江流域为例 [J]. 生态学报, 2019, 39 (1): 85-96.

[37] 曹炜. "双碳"目标下的流域生态环境保护规划: 理念更新与措施调适 [J]. 中国人口·资源与环境, 2022, 32 (12): 31-40.

[38] 常杪, 邬亮. 流域生态补偿机制研究 [J]. 环境保护, 2005 (12): 66-68.

[39] 钞小静, 周文慧. 黄河流域高质量发展的现代化治理体系构建 [J]. 经济问题, 2020, 495 (11): 1-7.

[40] 陈嘉茹, 张震, 苏铭. 黄河流域能源高质量发展的问题与建议 [J]. 世界石油工业, 2021, 28 (2): 31-62.

[41] 程泉民, 方辉振. 全国首个跨省流域生态补偿机制试点的"新安江模式" [J]. 中共南京市委党校学报, 2020 (2): 100-109.

[42] 崔盼盼, 赵媛, 夏四友, 等. 黄河流域生态环境与高质量发展测度及时空耦合特征 [J]. 经济地理, 2020, 40 (5): 49-57, 80.

[43] 单豪杰. 中国资本存量K的再估算: 1952—2006年 [J]. 数量经济技术经济研究, 2008, 25 (10): 17-31.

[44] 邓绍云, 马哈沙提. 塔里木河流域水资源开发利用低碳技术研究 [J]. 经济研究导刊, 2014 (15): 86-88.

[45] 董仕萍. "碳达峰、碳中和"与中国绿色低碳经济发展 [J]. 低碳世界, 2022, 12 (1): 175-177.

[46] 董战峰, 郝春旭, 璩爱玉, 等. 黄河流域生态补偿机制建设的思路与重点 [J]. 生态经济, 2020, 36 (2): 196-201.

[47] 董战峰, 龙凤. 黄河流域低碳发展: 困境与路径 [J]. 华北水利水电大学学报 (社会科学版), 2022, 38 (4): 1-6.

[48] 杜万平. 完善西部区域生态补偿机制的建议 [J]. 中国人口·资源与环境, 2001 (3): 119-120.

[49] 方传棣, 成金华, 赵鹏大. 大保护战略下长江经济带矿产—经济—环境耦合协调度时空演化研究 [J]. 中国人口·资源与环境, 2019, 29 (6): 65-73.

［50］方恺，张琦峰，叶瑞克，等．巴黎协定生效下的中国省际碳排放权分配研究［J］．环境科学学报，2018，38（3）：1224-1234.

［51］冯之浚，周荣，张倩．低碳经济的若干思考［J］．中国软科学，2009（12）：18-23.

［52］付加锋，庄贵阳，高庆先．低碳经济的概念辨识及评价指标体系构建［J］．中国人口·资源与环境，2010，20（8）：38-43.

［53］付允，马永欢，刘怡君，等．低碳经济的发展模式研究［J］．中国人口·资源与环境，2008（3）：14-19.

［54］高宝，傅泽强，沈鹏，等．辽河流域（辽宁省）低碳经济发展现状与对策初探［C］//2014中国环境科学学会学术年会（第三章），2014：304-309.

［55］高新才，韩雪．黄河流域碳排放的空间分异及影响因素研究［J］．经济经纬，2022，39（1）：13-23.

［56］管明，马国胜，朱仲羽．低碳经济视角的江苏太湖流域农业发展调查分析与政策建议［J］．农业环境与发展，2012，29（3）：16-20.

［57］郭晗．黄河流域高质量发展中的可持续发展与生态环境保护［J］．人文杂志，2020，285（1）：17-21.

［58］郭强．关于国家治理现代化若干问题的思考［J］．科学社会主义，2014，157（1）：18-22.

［59］郭印，王敏洁．国际低碳经济发展经验及对中国的启示［J］．改革与战略，2009，25（10）：176-179.

［60］郭志仪，李志贤，李燕．基于低碳经济理论的油气资源产业可持续发展分析［J］．工业技术经济，2011，30（9）：137-147.

［61］韩凌芬，胡熠，黎元生．基于博弈论视角的闽江流域生态补偿机制分析［J］．中国水利，2009（11）：10-12.

［62］郝春旭，赵艺柯，何玥，等．基于利益相关者的赤水河流域市场化生态补偿机制设计［J］．生态经济，2019，35（2）：168-173.

［63］何爱平，安梦天．黄河流域高质量发展中的重大环境灾害及减灾路

径 [J]. 经济问题, 2020（7）：1-8.

[64] 何显明. 70 年来中国现代国家治理体系的建构及演进逻辑 [J]. 浙江学刊, 2019, 238（5）：4-13.

[65] 侯博, 侯晶. 环境约束条件下农户认知与低碳生产行为研究：基于太湖流域的调查数据 [J]. 广东农业科学, 2015, 42（4）：134-140.

[66] 胡炜霞, 赵萍萍. 黄河国家文化公园文化资源禀赋与旅游发展水平耦合研究：黄河流域沿线九省区域角度 [J]. 干旱区资源与环境, 2023, 37（1）：177-184.

[67] 黄福蓉. 曹娥江流域中小型出口企业转型升级研究：基于低碳经济背景 [J]. 中国商贸, 2013（33）：50-51.

[68] 黄国华, 刘传江, 赵晓梦. 长江经济带碳排放现状及未来碳减排 [J]. 长江流域资源与环境, 2016（4）：638-644.

[69] 黄启新. 中国低碳经济发展路径选择和政策建议 [C] //中国国际科技促进会国际院士联合体工作委员会, 南洋科学院. 财经与管理国际学术论坛论文集（一）. 北京：中国国际科技促进会国际院士联合体工作委员会, 2022：98-100.

[70] 黄宗盛, 刘盾, 胡培. 基于粗糙集和 DEA 方法的低碳经济评价模型 [J]. 软科学, 2014, 28（3）：16-20.

[71] 贾松伟. 黄河流域森林植被碳储量分布特征及动态变化 [J]. 水土保持研究, 2018, 25（5）：78-82, 88.

[72] 蒋培培, 王远, 罗进, 等. 长江与黄河流域碳排放效率时空演变特征及路径识别探究 [J]. 环境科学研究, 2022, 35（7）：1743-1751.

[73] 蒋毓琪, 陈珂. 流域生态补偿研究综述 [J]. 生态经济, 2016, 32（4）：175-180.

[74] 焦兵, 许春祥. "十三五"以来中国能源政策的演进逻辑与未来趋势：基于能源革命向"双碳"目标拓展的视角 [J]. 西安财经大学学报, 2023, 36（1）：98-112.

[75] 金凤君, 马丽, 许堞. 黄河流域产业发展对生态环境的胁迫诊断与

优化路径识别 [J]. 资源科学, 2020, 42 (1): 127-136.

[76] 金乐琴. 中国如何理智应对低碳经济的潮流 [J]. 经济学家, 2009 (3): 100-101.

[77] 金涌: 循环经济需要解决三个平台建设问题 [J]. 中国科学院院刊, 2006 (6): 445-446.

[78] 黎元生. 基于生命共同体的流域生态补偿机制改革: 以闽江流域为例 [J]. 中国行政管理, 2019 (3): 93-98.

[79] 李勃昕, 任赟, 韩先锋. "双碳" 挤压、经济增长与创新驱动 [J]. 科学学研究, 2023, 41 (3): 424-434.

[80] 李军鹏. "十四五" 时期政府治理体系建设总体思路研究 [J]. 行政论坛, 2021, 28 (2): 41-47.

[81] 李明煜, 张诗卉, 王灿, 等. 重点工业行业碳排放现状与减排定位分析 [J]. 中国环境管理, 2021, 13 (3): 28-39.

[82] 李宁, 王磊, 张建清. 基于博弈理论的流域生态补偿利益相关方决策行为研究 [J]. 统计与决策, 2017 (23): 54-59.

[83] 李沙浪, 雷明. 基于TOPSIS的省级低碳经济发展评价及其空间面板计量分析 [J]. 中国管理科学, 2014, 22 (S1): 741-748.

[84] 李思琦, 周敏. 低碳视角下乌江流域的不确定土地优化利用 [J]. 中国房地产, 2022 (9): 35-40.

[85] 李谭. CDM与中国碳排放交易探索 [J]. 现代商贸工业, 2009, 9 (22): 127-134.

[86] 李肖如, 谢华生, 寇文, 等. 钢铁行业不同二氧化碳排放核算方法比较及实例分析 [J]. 安全与环境学报, 2016, 16 (5): 320-324.

[87] 梁静波. 协同治理视域下黄河流域绿色发展的困境与破解 [J]. 青海社会科学, 2020 (4): 36-41.

[88] 廖建凯, 杜群. 黄河流域协同治理: 现实要求、实现路径与立法保障 [J]. 中国人口·资源与环境, 2021, 31 (10): 39-46.

[89] 刘昌明. 对黄河流域生态保护和高质量发展的几点认识 [J]. 人民

黄河，2019，41（10）：158.

[90] 刘传江，赵晓梦 . 长江经济带全要素碳生产率的时空演化及提升潜力 [J]. 长江流域资源与环境，2016（11）：1635-1644.

[91] 刘传江 . 低碳经济发展的制约因素与中国低碳道路的选择 [J]. 吉林大学社会科学学报，2010，50（3）：146-152.

[92] 刘汉初，樊杰，曾瑜皙，等 . 中国高耗能产业碳排放强度的时空差异及其影响因素 [J]. 生态学报，2019，39（22）：8357-8369.

[93] 刘加伶，时岩钧，陈庄 . "长江经济带"背景下政府补贴与企业生态建设行为分析 [J]. 重庆师范大学学报（自然科学版），2019（3）：139-146.

[94] 刘建华，黄亮朝，左其亭 . 黄河流域生态保护和高质量发展协同推进准则及量化研究 [J]. 人民黄河，2020，42（9）：26-33.

[95] 刘文，李鹏 . 以生态能源新模式促进黄河流域能源产业高质量发展 [J]. 科技中国，2020（12）：4.

[96] 鲁宇 . 议事协调机构设置的制度逻辑：基于外部比较与内部比较的双重视角 [J]. 中国行政管理，2022（2）：28-35.

[97] 吕学都，王艳萍，黄超，等 . 低碳经济指标体系的评价方法研究 [J]. 中国人口·资源与环境，2013，23（7）：27-33.

[98] 吕志奎 . 流域治理体系现代化的关键议题与路径选择 [J]. 人民论坛，2021，696（Z1）：74-77.

[99] 麻智辉，李小玉 . 流域生态补偿的难点与途径 [J]. 福州大学学报（哲学社会科学版），2012（6）：63-68.

[100] 马翠梅，戴尔阜，刘乙辰，等 . 中国煤炭开采和矿后活动甲烷逃逸排放研究 [J]. 资源科学，2020，42（2）：311-322.

[101] 马大来 . 供给侧结构性因素对长江经济带低碳经济增长效率的影响研究 [J]. 生态经济，2020，36（7）：61-68，76.

[102] 马永喜，王娟丽，王晋 . 基于生态环境产权界定的流域生态补偿标准研究 [J]. 自然资源学报，2017，32（8）：1325-1336.

［103］毛涛．中国流域生态补偿制度的法律思考［J］．环境污染与防治，2008，30（7）：100-103．

［104］潘晨，李善同，何建武，等．考虑省际贸易结构的中国碳排放变化的驱动因素分析［J］．管理评论，2023，35（1）：3-15．

［105］潘家华．节能减碳：中国经济转型的必然选择［C］//中华环保联合会（All-China Environment Federation）．第七届环境与发展论坛论文集［M］．北京：中国环境科学出版社，2011：50-53．

［106］裴俊良，周晓英，张矞，等．基于政策文本的政府突发公共卫生事件信息报告制度的分析研究［J］．情报资料工作，2021，42（3）：52-59．

［107］齐绍洲，柳典，李锴，等．公众愿意为碳排放付费吗？——基于"碳中和"支付意愿影响因素的研究［J］．中国人口·资源与环境，2019，29（10）：124-134．

［108］曲富国，孙宇飞．基于政府间博弈的流域生态补偿机制研究［J］．中国人口·资源与环境，2014（24）：83-88．

［109］曲茹晓，吴洁．碳排放权交易的环境效应及对策研究［J］．北京师范大学学报（社会科学版），2009（6）：127-134．

［110］全国煤化工信息站．国务院办公厅发布《能源发展战略行动计划（2014—2020年）》［J］．煤化工，2014，42（6）：71．

［111］任保平，豆渊博．碳中和目标下黄河流域产业结构调整的制约因素及其路径［J］．内蒙古社会科学，2022，43（1）：2，121-127．

［112］任保平，文丰安．新时代中国高质量发展的判断标准、决定因素与实现途径［J］．改革，2018，296（4）：5-16．

［113］任奔，凌芳．国际低碳经济发展经验与启示［J］．上海节能，2009（4）：10-14．

［114］刘建华．生态保护与协同创新　助推黄河流域高质量发展［N］．河南日报，2019-10-29（6）．

［115］石涛．黄河流域生态保护与经济高质量发展耦合协调度及空间网络效应［J］．区域经济评论，2020，45（3）：25-34．

［116］史红伟，郭银菊．黄河流域经济发展和碳排放的脱钩关系分析［J］．科技和产业，2022，22（2）：226-230.

［117］四部门联合发布方案　黄河全流域试点横向生态补偿机制［J］．中国环境监察，2020（5）：6.

［118］宋德勇．中国必须走低碳工业化道路［J］．华中科技大学学报（社会科学版），2009，23（6）：95-96.

［119］宋梅，郝旭光，柳君波．黄河流域碳均衡时空演化特征与经济增长脱钩效应研究［J］．城市问题，2021（7）：91-103.

［120］孙久文，姚鹏．低碳经济发展水平评价及区域比较分析：以新疆为例［J］．地域研究与开发，2014，33（3）：127-132.

［121］孙丽平，方敏，宋子恒，等．我国太阳能资源分析及利用潜力研究［J］．能源科技，2022，20（5）：9-14，18.

［122］唐天伟，曹清华，郑争文．地方政府治理现代化的内涵、特征及其测度指标体系［J］．中国行政管理，2014，352（10）：46-50.

［123］田云，林子娟．巴黎协定下中国碳排放权省域分配及减排潜力评估研究［J］．自然资源学报，2021，36（4）：921-933.

［124］田泽，肖玲颖，梁伟，等．黄河流域工业绿色低碳转型与经济高质量发展耦合协调研究［J］．资源与产业，2023，25（1）：14-26.

［125］田泽，严铭，顾欣．碳约束下长江经济带区域节能减排效率时空分异研究［J］．软科学，2016（12）：38-42.

［126］王慧慧，刘恒辰，何霄嘉，等．基于代际公平的碳排放权分配研究［J］．中国环境科学，2016，36（6）：1895-1904.

［127］王佳璐．黄河流域城市绿色发展水平测度及影响因素分析［D］．兰州：兰州大学，2021.

［128］王劲峰，徐成东．地理探测器：原理与展望［J］．地理学报，2017，72（1）：116-134.

［129］王俊能，许振成，彭晓春．流域生态补偿机制的进化博弈分析［J］．环境保护科学，2010（1）：37-40.

［130］王梦夏．低碳经济理论研究综述［J］.首都经济贸易大学学报，2013，15（2）：106-111．

［131］王姗姗．低碳经济视角下黑龙江流域农业生态旅游开发战略研究［J］.农业经济，2016（12）：24-26．

［132］王晓路，倪丹悦．区域经济、企业社会责任与碳排放［J］.现代经济探讨，2018（11）：87-92．

［133］王尧，杨建锋，陈睿山，等．近四十年黄河流域资源环境格局变化［M］.北京：地质出版社，2020：1-33．

［134］王勇，程瑜，杨光春，等.2020和2030年碳强度目标约束下中国碳排放权的省区分解［J］.中国环境科学，2018，38（8）：3180-3188．

［135］魏立新．灞河流域综合治理的低碳管理模式思路［J］.陕西水利，2013（3）：50-52．

［136］邬彩霞．中国低碳经济发展的协同效应研究［J］.管理世界，2021，37（8）：105-117．

［137］吴昊玥，孟越，黄瀚蛟，等．中国耕地低碳利用绩效测算与时空分异［J］.自然资源学报，2022，37（5）：1148-1163．

［138］仵玲玲．沿黄流域九省区工业绿色发展水平评价研究［D］.呼和浩特：内蒙古财经大学，2021．

［139］习近平．在黄河流域生态保护和高质量发展座谈会上的讲话［J］.实践（思想理论版），2019，694（11）：5-9．

［140］谢婧，文一惠，朱媛媛，等．我国流域生态补偿政策演进及发展建议［J］.环境保护，2021，49（7）：31-37．

［141］徐大伟，涂少云，常亮，等．基于演化博弈的流域生态补偿利益冲突分析［J］.中国人口·资源与环境，2012（2）：8-14．

［142］徐峰．健全生态补偿机制　推动生态文明建设：浙江省流域横向生态补偿的制度实践及对策建议［J］.财政科学，2020（2）：111-121，126．

［143］徐福祥，徐浩，刘艳芬，等．黄河流域九省（区）生态保护和高质量发展治理水平测度与评估［J］.人民黄河，2022，44（6）：11-15．

［144］徐国泉，刘则渊，姜照华．中国碳排放的因素分解模型及实证分析：1995—2004［J］．中国人口·资源与环境，2006（6）：158-161.

［145］徐松鹤，韩传峰．基于微分博弈的流域生态补偿机制研究［J］．中国管理科学，2019，27（8）：199-207.

［146］许涤龙，欧阳胜银．低碳经济统计评价体系的构建［J］．统计与决策，2010（22）：21-24.

［147］轩传树．互联网时代下的中国国家治理现代化：实质、条件与路径［J］．当代世界与社会主义，2014，109（3）：105-110.

［148］杨博文．习近平新发展理念下碳达峰、碳中和目标战略实现的系统思维、经济理路与科学路径［J］．经济学家，2021（9）：5-12.

［149］杨超，吴立军，李江风，等．公平视角下中国地区碳排放权分配研究［J］．资源科学，2019，41（10）：1801-1813.

［150］杨丹，常歌，赵建吉．黄河流域经济高质量发展面临难题与推进路径［J］．中州学刊，2020（7）：28-33.

［151］杨浩昌，李廉水，刘军．中国制造业低碳经济发展水平及其行业差异：基于熵权的灰色关联投影法综合评价研究［J］．世界经济与政治论坛，2014（2）：147-162.

［152］杨开忠，董亚宁．黄河流域生态保护和高质量发展制约因素与对策——基于"要素—空间—时间"三维分析框架［J］．水利学报，2020，51（9）：1038-1047.

［153］杨丽，孙之淳．基于熵值法的西部新型城镇化发展水平测评［J］．经济问题，2015，427（3）：115-119.

［154］杨颖．区域低碳经济发展水平评价体系构建研究：以湖北省为例［J］．经济体制改革，2012（3）：55-58.

［155］杨永春，张旭东，穆焱杰，等．黄河上游生态保护与高质量发展的基本逻辑及关键对策［J］．经济地理，2020，40（6）：9-20.

［156］杨玉霞，闫莉，韩艳利，等．基于流域尺度的黄河水生态补偿机制［J］．水资源保护，2020，36（6）：18-23，45.

[157] 杨元华. 全国政协委员、民建中央常委、国家环保总局副局长吴晓青: 低碳经济: 可持续发展必由之路 [J]. 建设科技, 2008 (5): 14-15.

[158] 杨泽康, 田佳, 李万源, 等. 黄河流域生态环境质量时空格局与演变趋势 [J]. 生态学报, 2021, 41 (19): 7627-7636.

[159] 于法稳, 方兰. 黄河流域生态保护和高质量发展的若干问题 [J]. 中国软科学, 2020, 354 (6): 85-95.

[160] 于维力, 张瑞. 论新时代中国国家治理现代化的价值取向 [J]. 学术交流, 2018, 297 (12): 55-61.

[161] 负银绢. 2000—2015 年石羊河流域植被碳汇时空变化及影响因子研究 [D]. 兰州: 西北师范大学, 2018.

[162] 袁磊. 关于长江经济带低碳发展的思考: 基于省际面板数据 SUR 的实证研究 [J]. 商业经济, 2016 (5): 39-42.

[163] 袁巍. 流域生态补偿与黄河流域保护 [J]. 环境保护, 2011 (18): 27-29.

[164] 岳瑞锋, 朱永杰. 1990—2007 年中国能源碳排放的省域聚类分析 [J]. 技术经济, 2010, 29 (3): 40-45.

[165] 詹承豫, 赵博然. 风险交流还是利益协调: 地方政府社会风险沟通特征研究: 基于 30 起环境群体性事件的多案例分析 [J]. 北京行政学院学报, 2019 (1): 1-9.

[166] 张诚谦. 论可更新资源的有偿利用 [J]. 农业现代化研究, 1987 (5): 22-24.

[167] 张海滨. 全球气候治理的历程与可持续发展的路径 [J]. 当代世界, 2022 (6): 15-20.

[168] 张海艳. 外商直接投资对黄河流域经济带高质量发展研究: 基于黄河流域地级市的实证分析 [J]. 科学决策, 2021 (10): 89-102.

[169] 张贺全. 建设黄河流域生态保护机制建议 [N]. 青海日报, 2020-12-28 (10).

[170] 张红武. 科学治黄方能保障流域生态保护和高质量发展 [J]. 人

民黄河，2020，42（5）：1-7，12.

[171] 张建威，黄茂兴. 黄河流域经济高质量发展与生态环境耦合协调发展研究 [J]. 统计与决策，2021，37（16）：142-145.

[172] 张军. 流域水环境生态补偿实践与进展 [J]. 中国环境监测，2014，30（1）：191-195.

[173] 张来章，党维勤，郑好，等. 黄河流域水土保持生态补偿机制及实施效果评价 [J]. 水土保持通报，2010，30（3）：176-181.

[174] 张友国. 长江经济带低碳协调发展：基于乘数效应分解的研究 [J]. 重庆理工大学学报（社会科学版），2018（5）：30-41.

[175] 赵斐. 新时代黄河流域城市高质量发展面临的困境与机遇 [J]. 黄河科技学院学报，2020，22（7）：46-50.

[176] 赵金国，王秀丽，李刚. 环境规制、高管环境支持与科技型中小微企业绿色创新：绿色资源获取能力的调节作用 [J]. 东岳论丛，2022，43（12）：111-120.

[177] 赵忠秀，闫云凤，刘技文. 黄河流域九省区"双碳"目标的实现路径研究 [J]. 西安交通大学学报（社会科学版），2022，42（5）：20-29.

[178] 周清香，何爱平. 环境规制能否助推黄河流域高质量发展 [J]. 财经科学，2020（6）：89-104.

[179] 周映华. 流域生态补偿及其模式初探 [J]. 四川行政学院学报，2007（6）：82-85.

后 记

当前，全球低碳转型正处在加速发展阶段。发达国家和发展中国家都采取了各种行动措施，如经济增长方式的转变、能源结构的转型、消费方式的转型等，制定长期目标、采取重大的政策制度安排，包括温室气体控制目标、可再生能源发展目标、能效的问题、利用市场手段控制温室气体等。我国也提出低碳发展中长期战略，低碳发展目标纳入我国五年发展规划约束性目标。在推动我国制定中长期发展目标中，低碳发展对从长远角度和战略角度应对气候变化问题、可持续发展具有很重要的作用。"十四五"时期推动绿色发展、建设美丽中国，是立足新发展阶段、贯彻新发展理念、构建新发展格局的一个重大任务，也是生态文明建设进步，助力实现碳达峰、碳中和目标的必然要求。黄河流域必须坚定不移走生态优先、绿色低碳的高质量发展道路，加快建立健全绿色低碳循环发展经济体系，促进经济社会发展全面绿色转型。

本书对黄河流域的低碳发展情况做了较为全面的分析，从理论视角探讨了流域低碳发展存在的困境、生态补偿机制构建等问题，从实证角度分析了低碳领域中的碳排放、碳排放效率、碳排放权等问题，同时也从战略角度评估了黄河流域生态保护和高质量发展耦合协调的现代化治理水平，较好地反映了黄河流域各省份在低碳转型和治理过程中的问题和偏向，但由于流域低碳发展治理实践仍处于不断成熟与完善的过程中，且黄河流域相对其他流域范围较广，治理主体较多，矛盾冲突较明显，因此本书在某些方面的研究仍有待深入探讨，得出的结论尤其是提出的政策建议的适用性和可行性还需时间和实践验证。

首先，对于碳排放的估算，本书基于原煤、原油、焦炭、天然气等8种化石能源的消费量估算得来，实际上碳排放还会通过工业生产过程、土地利用等多种方式产生，另外，通过间接计算的方法获得的碳排放数据不可避免地会产生一定的误差，可考虑采用夜间灯光遥感数据来估算流域碳排放情况，并将研究尺度进一步缩放至市域和县域层面，以提高研究结果的稳健性与可靠性。后续研究本书将进一步探索更全面、科学的碳排放计算方法。

其次，在研究方法上，本书采用了空间计量经济学等方法考察了碳排放效率与其影响因素的关系，对各影响因素之间的双向反馈机制没有进行研究，后续的研究可以通过构建联立方程等方式，进一步探讨各因素与碳排放的双向反馈机制，全面掌握碳排放效率的影响因素及影响机制。在空间权重矩阵的选择上，采用了地理经济嵌套矩阵确定权重，并未考虑区域间贸易规模、人力水平和资本流动等对权重的影响，如何科学地制定空间权重系数、估算距离影响系数等值得进一步研究。

最后，在研究思路上，未来的研究可以进一步考虑并结合碳达峰、碳中和这一背景与目标，从战略层面出发，站在治理现代化的角度去测度黄河流域省域或者是城市的低碳发展水平，丰富与完善黄河流域绿色低碳治理路径的步骤与环节。在产业层面，需进一步细化流域层面和省份内部行业的分类，具体行业具体分析，既为产业内部结构优化指明方向，也为提升行业在流域内的碳减排地位提供参考。同时，高质量发展内涵丰富，包含多种维度，如何将更多的维度纳入流域各省份及地区低碳治理路径中值得进一步研究。

衷心感谢中国（西安）丝绸之路研究院科研项目（2021ZD02）和西安财经大学黄河流域生态环境保护与高质量发展协同研究中心的资助，特别感谢邹素娟和郭慧捷两位同学为书稿做出的重要贡献，感谢肖嘉利、彭延林、王玉霜和蔡婧瑜等同学的积极参与和鼎力支持。